Diese Mitteilungen setzen eine von Erich Regener begründete Reihe fort, deren Hefte am Ende dieser Arbeit genannt sind.

Bis Heft 19 wurden die Mitteilungen herausgegeben von J. Bartels und W. Dieminger. Von Heft 20 an zeichnen W. Dieminger, A. Ehmert und G. Pfotzer als Herausgeber.

Das Max-Planck-Institut für Aeronomie vereinigt zwei Institute, das Institut für Stratosphärenphysik und das Institut für Ionosphärenpyhsik.

Ein **(S)** oder **(I)** beim Titel deutet an, aus welchem Institut die Arbeit stammt.

Anschrift der beiden Institute:

3411 Lindau

ISBN-13: 978-3-540-05661-4   e-ISBN-13: 978-3-642-65303-2
DOI: 10.1007/978-3-642-65303-2

MESSUNGEN VON OZONPROFILEN ÜBER DEM MEER
UND BESTIMMUNG DES OZONFLUSSES
IN DIE MEERESOBERFLÄCHE
SOWIE DER SPEZIFISCHEN OZONZERSTÖRUNGSRATE
IN DER MARITIMEN GRENZSCHICHT

von

HELMUT TIEFENAU

Inhaltsverzeichnis

1. Einleitung und Problemstellung 5

2. Ozonmeßstation zur Bestimmung des Ozonabbaus an der Oberfläche des Meeres 6
   - 2.1 Wahl des Meßplatzes 6
   - 2.2 Überlegungen zum Aufbau der Station und zur Gestaltung der Meßanordnung 7

3. Konstruktion und Wirkungsweise der benutzten Instrumente 8
   - 3.1 Ozonmessung 8
      - 3.11 Ozonsonde nach BREWER 8
         - 3.111 Aufbau und Wirkungsweise des Gerätes 8
         - 3.112 Fehlerbetrachtung 9
         - 3.113 Wirkung von Natriumchlorid auf den Meßvorgang in der Brewer-Mast-Sonde 10
         - 3.114 Grenzen der Einsatzdauer der Brewer-Mast-Sonde 11
   - 3.2 Temperaturmessung 11
   - 3.3 Registrierung der Windgeschwindigkeit 13
   - 3.4 Konzeption und technische Ausführung des Aufzuges 13
   - 3.5 Meßgrößen und ihre Registrierung 16
   - 3.6 Anschlußmessungen des Ozonprofils in höheren Schichten mit Ballonsonden 16

4. Auswertung der Messungen und Meßergebnisse 17
   - 4.1 Theoretische Grundlagen 17
   - 4.2 Verarbeitung der gemessenen Ozonprofile 20
   - 4.3 Temperaturprofile und Messung der Windgeschwindigkeit 25
   - 4.4 Der Ozonfluß in die Meeresoberfläche und die spezifische Ozonzerstörungsrate der Meeresoberfläche 26
   - 4.5 Ergebnisse der Ballonaufstiege 28

5. Fehlerabschätzung 29

6. Vergleich der Meßergebnisse mit Labormessungen 30

7. Abschätzung der globalen Ozonsenke unter Berücksichtigung der gemessenen spezifischen Zerstörungsrate an der Meeresoberfläche ... 30

8. Zusammenfassung 31

   Summary 32

9. Schlußbetrachtung 32

   Literaturverzeichnis 34

1. Einleitung und Problemstellung

Die Erforschung der Physik der Atmosphäre ist im Laufe der letzten Jahre immer stärker in den Brennpunkt wissenschaftlicher Untersuchungen gerückt. Im besonderen gilt das Interesse großräumigen bis globalen Luftmassenzirkulationen und den dabei ablaufenden Prozessen, die zur Zeit in internationalen Forschungsprogrammen mit Vorrang untersucht werden. Neben den dabei neu gewonnenen rein wissenschaftlichen Erkenntnissen sind die Ergebnisse für die mittel- und langfristige Wettervorhersage von praktischer Bedeutung.

Als Indikatoren für die Verfolgung großräumiger Vorgänge in der Erdatmosphäre eignen sich künstliche, durch Atomwaffentests injizierte radioaktive Substanzen wie zum Beispiel Strontium-90 oder Kobalt und natürliche Spurengase wie Ozon, Kohlenmonoxid, Schwefeldioxid usw. .

Durch das Atomwaffen-Testmoratorium sind die Kozentrationen radioaktiver Spaltprodukte in der Atmosphäre durch Austauschvorgänge und Fallout bis an die Grenze der Meßbarkeit abgesunken.

Demgegenüber bietet das atmosphärische Ozon den Vorteil, daß sich seine mittlere Verteilung in der Stratosphäre und Troposphäre im Jahresgang periodisch wiederholt. Dank seiner spezifischen Eigenschaften und seiner für einen Luftkörper charakteristischen Konzentration findet es zunehmende Verwendung als Indikator bei der Verfolgung großräumiger Transportvorgänge in der Atmosphäre.

Das Ozon befindet sich in seinen Entstehungsgebieten oberhalb 25 - 30 km Höhe im fotochemischen Gleichgewicht [CHAPMAN 1930, REGENER 1941, PAETZOLD und REGENER 1957, DÜTSCH 1968] .

Die Neubildung von Ozon sowie dessen Zerstörung entfallen unterhalb 25 km Höhe weitgehend. Infolgedessen ändert sich in einem großen Höhenbereich der Atmosphäre die für einen Luftkörper spezifische Ozonkonzentration nur sehr langsam. Damit erklären sich die Eigenschaften des Ozons als Indikator großräumiger und langdauernder Bewegungsvorgänge und Austauschprozesse [REGENER 1941, EHMERT 1944, DÜTSCH 1946, NEWELL 1963, PRUCHNIEWICZ 1970] .

Ein großes Meßprogramm mit regelmäßigen Ozon-Radiosondenaufstiegen läuft seit 1963 in Nordamerika und seit 1966 ebenfalls an fünf europäischen Stationen [HERING und BORDEN 1965, DÜTSCH 1966, SCHERHAG 1967, KOMHYR 1968, ATTMANNSPACHER 1968] .

Während in der Vergangenheit das Interesse hauptsächlich auf das stratosphärische Ozon gerichtet war und Untersuchungen des troposphärischen Ozons nur vereinzelt vorlagen [EHMERT 1949, JUNGE 1962] , erfolgte in neuerer Zeit eine zunehmende Konzentration auf Untersuchungen des troposphärischen und bodennahen Ozons [ALDAZ 1963, WARMBT 1964, LAHMANN 1969, REGENER 1970, PRUCHNIEWICZ 1970, FABIAN und JUNGE 1970] . Diese Tendenz erklärt sich mit der zunehmenden Empfindlichkeit der Ozonregistriergeräte sowie der Konstruktion von Geräten zur kontinuierlichen Langzeitregistrierung.

Damit war die Möglichkeit gegeben, die Ozonsenke am Erdboden sowie den Abbau des Ozons durch Aerosole in der untersten Atmosphäre eingehend und in großem Umfang zu untersuchen.

Die vorliegende Arbeit wurde mit dem Ziel angefertigt, die Ozonzerstörung über der Meeresoberfläche bzw. den Ozonfluß in die Meeresoberfläche als Funktion der Parameter Wind und Temperatur in der freien Atmosphäre zu messen. Die Zerstörungsraten verschiedener Oberflächenarten wurden bisher aus Profilmessungen der vertikalen Ozonkonzentration nur für Wüstenboden bestimmt [ALDAZ und REGENER 1968] . Die in Laborversuchen gewonnenen Zerstörungsraten verschiedener Materialien müssen mit Skepsis betrachtet werden, da viele in der Natur mitbestimmende Faktoren im Laborexperiment nur unzureichend simuliert werden können.

Speziell für die Ozonzerstörung über dem Meer treten folgende Faktoren hervor:

1. Das Meer bietet nur im Fall völliger Windstille eine glatte Oberfläche. Die mit der Windgeschwindigkeit zunehmende Welligkeit bedeutet eine Vergrößerung der ozonzerstörenden Oberfläche.

2. Die natürliche Struktur des Windprofils ist im Labor nicht reproduzierbar, ebensowenig wie der von der Windgeschwindigkeit abhängige vertikale Transport von Luftmassen mit beliebigen Eigenschaften wie z.B. fühlbare Wärme oder Wasserdampfgehalt.

3. Mit zunehmender Windgeschwindigkeit ist ein Anwachsen der Sprühschicht von Wassertröpfchen in der Höhe wie in der Dichte zu erwarten. Dieser Effekt bedeutet eine weitere Vergrößerung der ozonzerstörenden Oberfläche.

Zur experimentellen Bestimmung des vertikalen Ozonflusses wurden auf dem Leuchtturm "Alte Weser" Profilmessungen von Ozonkonzentration und Temperatur zwischen 1 m und 30 m Höhe für verschiedene Schichtungen und Windgeschwindigkeiten durchgeführt. Anschlußmessungen mit einer Sonde am Fesselballon dienten der Erfassung des Höhenbereichs zwischen 30 m und 1000 m.

Bei der Berechnung des Flusses aus den gemessenen Profilen wurde vorausgesetzt, daß die Transportkoeffizienten für verschiedene Eigenschaften des Luftkörpers wie fühlbare Wärme, Impuls und Wasserdampf gleich dem Transportkoeffizienten für Ozon sind unter der Voraussetzung gleicher Schichtung im Windgeschwindigkeitsbereich zwischen 1 m/sec und 10 m/sec.

Die Transportkoeffizienten für fühlbare Wärme, Impuls und Wasserdampf sind mehrfach von verschiedenen Autoren bestimmt worden [BROCKS 1955, HASSE 1968, BROCKS und KRÜGERMEYER 1970, DEARDORFF 1968]. Die Abhängigkeit der Transportkoeffizienten für verschiedene Schichtungen wurde für eine mittlere stabile und eine mittlere instabile Schichtung berechnet [DEARDORFF 1968].

Da sieben Zehntel der Erdoberfläche von Meeren bedeckt sind, ermöglichen die gewonnenen Ergebnisse eine wesentlich bessere Abschätzung der globalen Ozonsenke und eine Verfeinerung der Modelle weltweiter Luftmassenzirkulationen und Austauschvorgänge.

2. Ozonmeßstation zur Bestimmung des Ozonabbaus an der Oberfläche des Meeres

2.1 Wahl des Meßplatzes

Das Ziel der in dieser Arbeit beschriebenen Messungen war die Bestimmung der Ozonzerstörung an der Meeresoberfläche unter natürlichen Bedingungen. Der vertikale Ozonfluß sollte als Funktion der Windgeschwindigkeit, der Temperatur und Temperaturschichtung über dem offenen Meer bestimmt werden.

An die Lage des Meßplatzes sind folgende Anforderungen zu stellen:
Es wird ein Ort benötigt, zu dem die anströmende Luft möglichst von allen Seiten ungehinderten Zugang hat. Darüber hinaus muß die Bedingung erfüllt sein, daß die Luftmassen, die zum Meßplatz gelangen, über eine große räumliche Entfernung nur über das offene Meer strömen, ohne mit irgendwelchen Landmassen in Kontakt gekommen zu sein. Da die Ozonzerstörung über Land wesentlich größer ist als über dem Meer, könnten andernfalls die durch Kontakt mit der Erdoberfläche und durch Luftverunreinigungen über Land entstehenden Inhomogenitäten in der Ozonkonzentration die Meßergebnisse verfälschen. Es sollte deshalb ein Meßplatz gewählt werden, bei dem diese Bedingung für die Hauptwindrichtung über einen möglichst großen Winkelbereich erfüllt ist.

Es war vorgesehen, den vertikalen Ozonfluß aus dem Gradienten der Konzentration aufgrund von Profilmessungen zwischen 1 m und 30 m Höhe oberhalb der Meeresoberfläche zu bestimmen. Am Meßplatz mußte deshalb die Möglichkeit bestehen, einen Aufzug über die vorgesehene Höhendistanz zu installieren, mit dem verschiedene Sensoren auf der Meßstrecke hinauf- und heruntergefahren werden konnten.

Ein Ort, der den gestellten Anforderungen im weitesten Umfang gerecht wurde, fand sich im Leuchtturm "Alte Weser" in der Wesermündung. Seine geographische Position ist $8°\,8'$ östliche Länge und $53°\,52'$ nördliche Breite. Aus einem Öffnungswinkel von etwa $90°$ zwischen West und Nord kann hier Luft, die auf einem langen Weg nur mit der Meeresoberfläche Kontakt hatte, ohne Störungen durch Landkontakt herangelangen. Das nächste Land in diesem Winkelbereich - England und Skandinavien - ist etwa 500 km entfernt. Am Leuchtturm selbst ließ sich mit verhältnismäßig geringem Aufwand und einfachen Mitteln ein Fahrkorb installieren, mit dem Profile der interessierenden Meßgrößen im gewünschten Höhenintervall aufgenommen werden konnten.

2.2 Überlegungen zum Aufbau der Station und zur Gestaltung der Meßanordnung

Zur Berechnung des vertikalen Ozonflusses ist die Bestimmung von drei Meßgrößen erforderlich:

1. die Ozonkonzentration als Funktion der Höhe,
2. die Temperatur als Funktion der Höhe,
3. die Windgeschwindigkeit in einer festen Höhe.

Die Sensoren zur Ozonmessung wurden mit dem Temperatursensor zusammengefaßt und mit einem Fahrkorb zwischen minimal 1 m und maximal 30 m über der Meeresoberfläche auf- und abgefahren. Die minimale und maximale Höhe waren abhängig vom Wasserstand, da der Fahrkorb fest mit dem im Meeresboden stehenden Leuchtturm verbunden war.

Es ist nicht sinnvoll, die Bestimmung des Windprofils mit den Profilmessungen von Ozonkonzentration und Temperatur zusammenzufassen. Der Grund liegt in den kurzzeitigen Schwankungen der Windgeschwindigkeit selbst. Durch die vertikale Bewegung des Aufzuges mit seinen Sonden würden die zeitlichen Variationen der Geschwindigkeit als örtliche Änderungen erscheinen. Repräsentativer sind Windprofile, die aus Windmessungen in einer festen Höhe und Mittelwertbildung über etwa 10 Minuten unter Annahme eines logarithmischen Windprofils berechnet werden. Dieses Verfahren ist im gesamten Höhenbereich der Profilmessungen zulässig [HASSE 1968].

Die zylindrische Form des Leuchtturmes bewirkt eine lokale Störung des natürlichen Strömungsfeldes der Luft. Diese Änderung der Windgeschwindigkeit am Ort der Meßsonden läßt sich bei Kenntnis der geometrischen Verhältnisse sowie der Windrichtung und -geschwindigkeit rechnerisch korrigieren. Da die Störung mit dem Quadrat der Entfernung vom umströmten Hindernis abnimmt, wurde der Aufzug mit den Meßsonden zwischen zwei am oberen und unteren Ende des Turmes angebrachten Auslegern installiert (s. Abb. 5). Dadurch betrug der horizontale Abstand der Meßsonden vom Turm am Fuß 15 m und am oberen Ende 10 m. Da die zum Messen erforderliche Windrichtung auf den Bereich zwischen Nord und West beschränkt war, wurde der Aufzug an der nordwestlichen Seite des Leuchtturmes angebaut.

Profilmessungen bei einer Windrichtung aus dem Öffnungswinkel von $270°$ zwischen West und Nord konnten bei der Auswertung nicht berücksichtigt werden, da ozonzerstörende Abgase vom Leuchtturm zu Verfälschungen der gemessenen Ozonprofile führten.

3. Konstruktion und Wirkungsweise der benutzten Instrumente

3.1 Ozonmessung

Die Messung des Ozongehaltes der Luft erfolgte mit zwei verschiedenen Geräten. Beide Instrumente arbeiten nach chemischen Methoden. Sie nutzen die hohe Oxydationsfähigkeit des Ozons zu einer Reaktion mit in Wasser gelöstem Kaliumjodid (KJ). Die Unterschiede der beiden Instrumente liegen in den verschiedenen Arten der Reaktionsführung. Daraus ergeben sich ihr unterschiedlicher Aufbau und weitere Konsequenzen für ihre Handhabung sowie für die jeweils optimalen Einsatzgebiete. Bei dem einen Gerät handelt es sich um ein von PRUCHNIEWICZ entwickeltes Ozonregistriergerät nach einem Verfahren, das von EUCKEN und in modifizierter Art von EHMERT angegeben wurde [PRUCHNIEWICZ 1970]. Dieses kontinuierlich arbeitende Instrument dient dem Einsatz an Bodenstationen und ist den in der unteren Atmosphäre an einem festen Ort auftretenden Variationen der Ozonkonzentration optimal angepaßt. Die Meßwerte dieses Gerätes dienten zur Kontrolle der zweiten Geräteart, d.h. der bei den Profilmessungen verwendeten Ozonradiosonden nach BREWER, sowie zur Bestimmung der absoluten Ozonkonzentration. Mit Hilfe der Absolutwerte, die das erste Gerät lieferte, wurden die Profilmessungen überprüft und gegebenenfalls korrigiert.

Die BREWER-Sensoren wurden vor dem Einsatz verschiedenen Tests unterzogen. Eine kurze Beschreibung der Funktionsweise sowie der Tests und ihrer Ergebnisse wird im folgenden gegeben.

3.11 Ozonsonde nach BREWER

3.111 Aufbau und Wirkungsweise des Gerätes

Dieser Ozonsensor wurde als einfaches und leicht zu handhabendes Gerät für Ballonsondenaufstiege entwickelt. Es zeichnet sich durch sein geringes Gewicht und eine kurze Ansprechzeit bei Änderungen der Ozonkonzentration aus.

Das in Abb. 1 schematisch dargestellte Gerät enthält in seinem Misch- und Reaktionsraum eine Lösung von Kaliumjodid (KJ). Die Lösung wird durch ein System von primärem und sekundärem Natriumphosphat gepuffert, wodurch in der Lösung ein ph-Wert von 7 erhalten bleibt. In die Lösung tauchen zwei Elektroden, ein Platinnetz als Kathode und ein Silberdraht als Anode. Die zu untersuchende Luft wird mit einer Kolbenpumpe angesaugt und durch einen Plastikschlauch in die Lösung gedrückt. Ein Elektromotor mit einer Fliehkraftregelung für konstante Drehzahl treibt die Pumpe an und fördert so ein konstantes Luftvolumen pro Zeiteinheit.

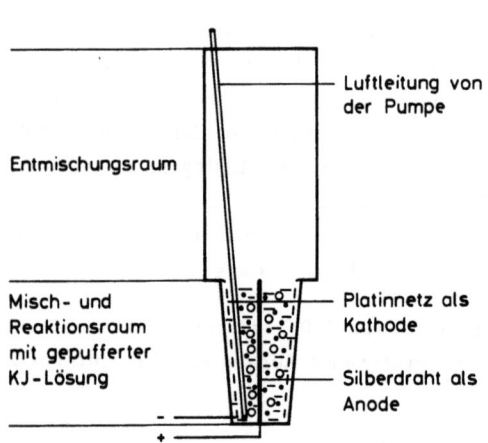

Abb. 1: Schematischer Aufbau des Ozonregistriergerätes nach BREWER.

Durch das Anlegen einer externen Kompensationsspannung von 0,41 Volt wird eine Selbstzerstörung des chemischen Systems verhindert. Ist in der Luft, die durch die Lösung gepumpt wird, Ozon enthalten, finden folgende Reaktionen statt:

$$O_3 + 2J^- \rightarrow O_2 + O^{--} + J_2 \qquad (1)$$

$$2K^+ + O^{--} \rightarrow K_2O \qquad (2)$$

$$K_2O + H_2O \rightarrow 2KOH. \qquad (3)$$

Das entstehende Kaliumhydroxid wird durch das Puffersystem abgefangen, und die Lösung bleibt weiter neutral. Das in Reaktion (1) gebildete molekulare Jod gelangt durch mechanischen Transport in der sprudelnden Lösung und Diffusion an die Kathode, wo es sich reduziert

$$J_2 + 2e \rightarrow 2J^- . \qquad (4)$$

Der Stromkreis schließt sich, indem zwei Jodionen mit dem Silber der Anode reagieren und je ein Elektron abgeben

$$2J^- - 2e \rightarrow 2J \qquad (5)$$

$$2J + 2Ag \rightarrow 2AgJ . \qquad (6)$$

Jedes Ozonmolekül erzeugt also zwei Elektronen und scheidet zwei Jodmoleküle auf der Anode ab. Dadurch verarmt die Lösung an Jodionen, und die Anode wird durch die Bildung einer Oberflächenschicht von nahezu unlöslichem Silberjodid allmählich unbrauchbar. Durch diese beiden Effekte ist der Einsatz der Sonde zeitlich begrenzt, jedoch in Abhängigkeit von der Ozonkonzentration. Je mehr Ozon umgesetzt wird, desto schneller verbrauchen sich Lösung und Anode. Der bei den Reaktionen fließende Strom von zwei Elektronen pro Ozonmolekül liegt normalerweise im Bereich von 1 μA und kann leicht im Außenkreis der Elektroden gemessen werden.

3.112 Fehlerbetrachtung

Beim Einbringen der Luftprobe in die Reaktionslösung durchläuft die Luft vor der Messung eine Pumpe. Bei ungenügender Reinheit dieses Systems treten durch vorzeitige Reduktion des Ozons Fehler von über 50% auf. Diese Fehlerquelle kann jedoch weitgehend ausgeschaltet werden durch gründliche Reinigung und mehrstündiges Aufbewahren in einer stark ozonhaltigen Atmosphäre. Mit diesen Vorkehrungen gelingt es, den mittleren Fehler unter 5% zu halten.

Der Ozongehalt der Luft wird bei diesem Verfahren gemessen in Ozonmolekülen pro Volumen- und Zeiteinheit. Deshalb ist das Einhalten einer konstanten Pumpleistung von großer Wichtigkeit. Nach MÜLLER [1968] ergaben stroboskopische Messungen maximale Abweichungen bei der Motordrehzahl des Pumpenantriebs von ± 2%. Dort wurde der Gesamtfehler im mechanischen und chemischen Teil auf ± 5% abgeschätzt.

Während der Messungen über mehrere hundert Stunden verschlechterte sich die anfängliche Drehzahlkonstanz von ± 2% wesentlich. Bei verschiedenen Motoren waren langsame Änderungen der Drehzahl bis über 100% festzustellen. Die Änderung geschah aber so langsam, daß sie über die kurze Meßzeit eines Profils vernachlässigbar klein ist. Bei Berücksichtigung der wahren Ozonkonzentration in einer bestimmten Höhe ließen sich deshalb die Profile der echten Ozonwerte mit dem oben angegebenen Fehler von ± 5% berechnen.

Weitere Fehler können auftreten infolge lokaler Verschmutzung der zu untersuchenden Luft durch oxydierende oder reduzierende Stoffe. Eine genaue Registrierung der Windrichtung während der Messungen war daher erforderlich, um Seewind zu garantieren.

3.113 Wirkung von Natriumchlorid auf den Meßvorgang in der Brewer-Mast-Sonde

Die Aufgabe, Ozonmessungen über dem Meer durchzuführen, bedingt eine genaue Kenntnis jener Faktoren, die auf die Meßvorgänge störend einwirken. Das chemische Meßsystem der Brewer-Mast-Sonde wird während der Messung nicht regeneriert, steht aber in dauerndem Kontakt mit der Außenluft. Deshalb ist die Kenntnis möglicher Nebenreaktion äußerst wichtig.

Zu diesem Zweck wurde der Einfluß von Natriumchlorid auf den Meßvorgang des Ozonsensors quantitativ untersucht. Den größten Anteil der Salze im Meerwasser bildet mit ca. 3 % das Natriumchlorid, das sind 10/11 des gesamten Salzgehaltes. In der Sprayschicht über dem Meer ist der gleiche Anteil gelöst wie im Meerwasser selbst. Der Ozonsensor, der mit der zu untersuchenden Außenluft das in den Tröpfchen der Sprayschicht gelöste Salz in sein chemisches System saugt, nimmt also fortlaufend bestimmte Mengen Salz in sich auf.

In einem Laborversuch wurden dem chemischen System des Sensors bestimmte Mengen einer einmolaren Natriumchloridlösung zugefügt, um einen eventuellen Einfluß bei Zufuhr ozonhaltiger und ozonfreier Luft zu studieren.

Beim Einbringen von Natriumchlorid in die Meßküvette wird das Gleichgewicht, das zwischen den Elektroden und der Lösung besteht, gestört. Es fließt ein Strom, wobei Chlorionen zur positiven Platinelektrode und Natriumionen zur negativen Silberelektrode wandern. Die Stromrichtung ist umgekehrt der Stromrichtung beim normalen Ozonmeßvorgang.

Wird also bei den Profilmessungen mit der ozonhaltigen Luft Natriumchlorid angesaugt, so vermindert sich der Meßstrom, und es wird eine geringere Ozonkonzentration vorgetäuscht.

Wie das Experiment zeigt, erholt sich der Ozonsensor wieder und zeigt zum Beispiel nach einmaliger Zugabe von 29 mg Natriumchlorid nach ca. drei Minuten wieder den wahren Ozonwert. Die Regenerationszeit wächst mit zunehmender NaCl-Menge sowie mit abnehmender Durchmischung der Reaktionslösung und abnehmendem Ozongehalt der Luft. Da die mit der Luft über dem Meer pro Zeiteinheit angesaugten Salzmengen viel geringer sind als im obigen Experiment, kann der Einfluß des Natriumchlorids auf den Meßvorgang vernachlässigt werden. Aus diesem Grund erscheint das Vorschalten eines Filters nicht unbedingt notwendig.

Bei den Messungen im Juni 1970 wurde dennoch in den Fahrkorb ein zusätzlicher Ozonsensor vom Typ Brewer-Mast mit vorgebautem Filter eingesetzt. Das Filter bestand aus einer Gaswaschflasche mit 100 cm^3 doppelt destilliertem Wasser. Messungen der Zeitkonstante mit und ohne Filter brachten folgende Ergebnisse:

1. Zeitkonstante mit Filter: 30,0 Sekunden,
2. Zeitkonstante ohne Filter: 22,5 Sekunden.

Bei einer Fahrgeschwindigkeit des Fahrkorbs von zwei Metern pro Minute und Haltezeiten am oberen und unteren Punkt von ca. vier Minuten sind diese Unterschiede vernachlässigbar. Die größere Zeitkonstante mit Filter ist hauptsächlich auf das Luftpolster in der Gaswaschflasche und die etwas verlängerten Ansaugleitungen zurückzuführen. Die Löslichkeit von Ozon im Wasser ist dagegen vernachlässigbar.

Die simultane Messung mit zwei Sensoren mit und ohne Filter ermöglicht durch Vergleich eine Abschätzung, inwieweit Fremdstoffe, die in die Meßküvette gelangen, Strömungen hervorrufen. Um eine Anreicherung des destillierten Wassers im Filter mit Fremdstoffen zu verhindern, wurde das Wasser in Zeitabständen von wenigen Stunden erneuert.

3.114 Grenzen der Einsatzdauer der Brewer-Mast-Sonde

Wie in 3.11 beschrieben wurde, verbraucht sich das Kaliumjodid der Reaktionslösung proportional zum umgesetzten Ozon. Gleichzeitig belegt sich die Silberanode mit Silberjodid, so daß die verfügbare Silberfläche abnimmt. Ein einfacher Versuch klärte die Frage nach der maximal möglichen Einsatzdauer des Ozonsensors. Im Dauerbetrieb wurde Luft mit einem konstanten Ozongehalt dem chemischen System des Sensors zugeführt. Das Ergebnis ist in Abb. 2 wiedergegeben. 35 Stunden lang zeigte das Meßsystem bei einem Ozongehalt von 600γ (1γ ≙ 1 µg Ozon/1 m^3 Luft) einen konstanten Meßstrom. Danach ging trotz gleicher Konzentration der Meßstrom langsam auf Null zurück.

Es ist also möglich, eine Ladung von 280 µAh umzusetzen, bevor das chemische System seine Eigenschaften ändert. Bei den in der untersten Atmosphäre anzutreffenden Ozonkonzentrationen von weniger als 100γ könnte man also theoretisch etwa 8 - 10 Tage mit einer Sonde messen.

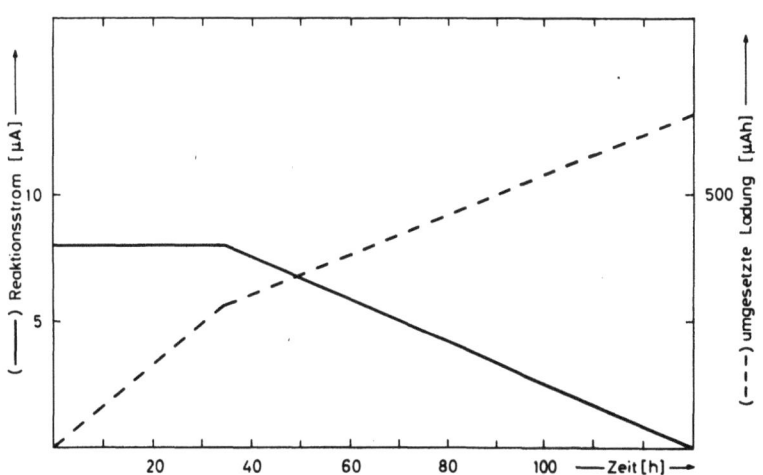

Abb. 2: Reaktionsstrom und umgesetzte Gesamtladung der Brewer-Mast-Sonde bei konstanter Ozonkonzentration als Funktion der Zeit.

In Anbetracht der zu erwartenden Verunreinigungen durch unsaubere Luft wird sich diese Zeit verkürzen. Mit Sicherheit kann jedoch vorausgesetzt werden, daß eine Messung über 24 Stunden unbedenklich durchführbar ist.

3.2 Temperaturmessung

Oberhalb der Meeresoberfläche waren am Meßort zwischen 0 und 30 Metern Höhe Temperaturdifferenzen von wenigen zehntel Grad Celsius zu erwarten. Der Meßsensor mußte eine dementsprechende Empfindlichkeit aufweisen. Zur Berechnung der vorliegenden Dichteschichtung der Luft war außer der Messung der Temperaturänderung mit der Höhe eine absolute Temperaturmessung notwendig. Da jede Minute eine Abfrage der Meßgrößen erfolgte, mußte die Zeitkonstante des Meßsensors klein gegen die Zeitdauer zwischen zwei Meßwertabfragen sein.

Zur Meßwertaufnahme wurde ein Silizium-Transistor in einer Brückenschaltung verwendet (Abb. 3). Das Instrument ist ein modifizierter Nachbau einer von RIVA [1967] beschriebenen Anordnung. Der hochohmige Eingang gestattet die Verwendung langer Zuleitungen vom Meßwertaufnehmer zur Elektronik. Die dadurch hervorgerufenen Änderungen der Meßwertanzeige liegen innerhalb der Fehlergrenzen.

Ein Vergleich der Temperaturanzeige dieses Instruments mit einem Präzisionsthermometer zeigte, daß der Fehler im Temperaturbereich zwischen -50°C und +150°C unter 1% liegt.

Durch Unterteilung des gesamten Meßbereichs und Spreizung der Einzelbereiche war eine Auflösung bis zu 1/10°C möglich. Abb. 4 zeigt eine Eichung der Bereiche drei bis acht. Die gute Linearität ist in allen Bereichen zu sehen.

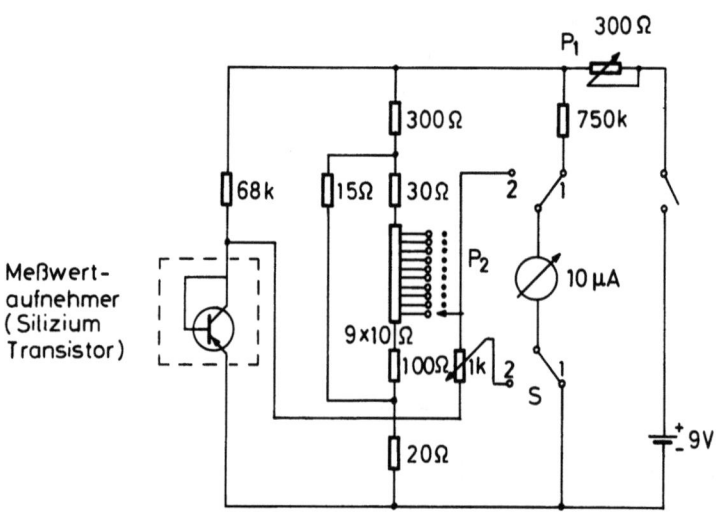

P_1 für Vollausschlag (10µA) in Schalterstellung 1
P_2 Bereichswahl
P_3 Bereichsbreite (Empfindlichkeit)

Abb. 3: Schaltbild vom elektrischen Aufbau des Transistorthermometers.

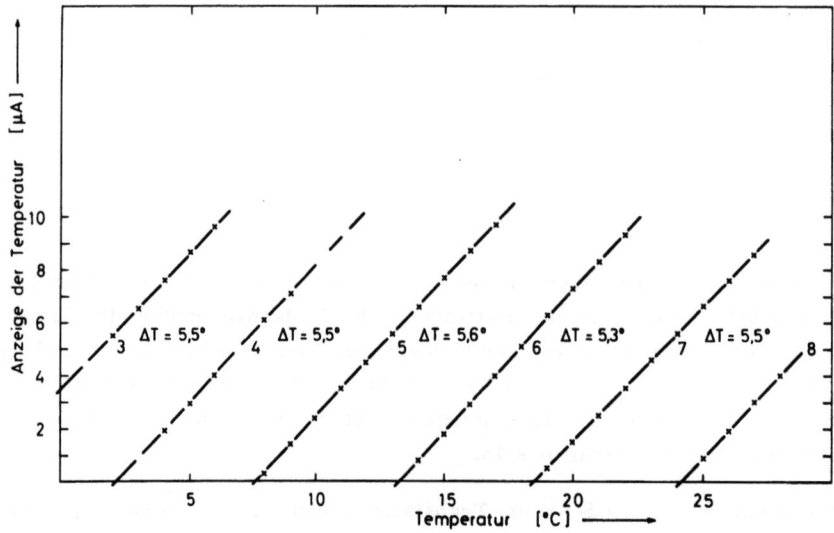

Abb. 4: Anzeige des Transistorthermometers in den Meßbereichen 3 - 8 als Funktion der Temperatur.

3.3 Registrierung der Windgeschwindigkeit

Die Messung der Windgeschwindigkeit erfolgte mit einem Schalenkreuzanemometer in 35 m Höhe. Die mittlere Windgeschwindigkeit wurde aus jeweils 14 Werten errechnet. Dabei betrug der zeitliche Abstand zweier Werte eine Minute.

Die bei der Auswertung benutzten Windgeschwindigkeiten sind auf 10 m Höhe reduziert unter Annahme eines logarithmischen Windprofils mit einem Rauhigkeitsparameter von $z_o = 2 \cdot 10^{-2}$ cm [SUTTON, DEFANT, DEFANT 1958]. Es gilt für die Windgeschwindigkeit u in einer bestimmten Höhe z:

$$u(z) = u_a \frac{\log z - \log z_o}{\log z_a - \log z_o} . \qquad (1)$$

Dabei sind u_a die Windgeschwindigkeit in Anemometerhöhe, z_a die Anemometerhöhe und z_o der Rauhigkeitsparameter.

3.4 Konzeption und technische Ausführung des Aufzuges

Bei einem von Luft umströmten Zylinder läßt sich die Strömungsgeschwindigkeit als Funktion des Abstandes berechnen. Treten jedoch wie im Fall des Leuchtturmes mit zunehmender Höhe sprunghafte Änderungen des Durchmessers auf, so lassen sich die dadurch verursachten Einflüsse auf das Strömungsprofil rechnerisch nur schwer erfassen.

Um möglichst unverfälschte Messungen der Ozonkonzentration und der Temperatur zu erhalten, ist deshalb ein großer Abstand zwischen Meßort und Turm wünschenswert. Die durch einen größeren Abstand erzielte erhöhte Genauigkeit der Messungen sollte jedoch in einem vernünftigen Verhältnis zu dem damit verbundenen materiellen Mehraufwand stehen.

Der zu den Messungen benutzte Aufzug bewegte sich zwischen zwei Auslegern (Abb. 5) und wurde nach einem Vorschlag des Wasser- und Schiffahrtsamtes an Stahlseilen gefahren. Die verfügbare Meßstrecke begann 3,20 m über NN und überstrich 22,5 m.

Durch die zeitliche Änderung des Wasserstandes ist die jeweilige Höhe der Sonden über der Wasseroberfläche zeitabhängig. Die Korrektion bei der Auswertung erfolgte nach der Pegelregistrierung des Leuchtturmes.

Für die Ausleger des Aufzuges wurden Gittermasten benutzt mit einem Gewicht von 2 kg/m. Der untere 15 m lange Ausleger mußte nach einer Auflage des Wasser- und Schiffahrtsamtes hochklappbar sein, um Schiffen ein ungehindertes Anlegen zu gestatten. Der obere Ausleger war an einem Malergerüst so angebracht, daß die Meßsonden nach Heranziehen dieses Auslegers vom Malergerüst aus zugänglich waren.

Der Antrieb des Fahrkorbaufzuges erfolgte mit einem kleinen Drehstrommotor, der geschützt am Ende des oberen Auslegers angebracht war. Der Motor konnte klein dimensioniert werden, weil das Gewicht der Sonde durch ein Gegengewicht kompensiert wurde (s. Abb. 5), so daß nur die Reibungskräfte in den Führungsrollen der Fahrseile und das Gewicht der Meß- und Versorgungsleitungen zu bewältigen waren. Durch ein geeignetes Getriebe vor dem Motor wurde eine Fahrkorbgeschwindigkeit von 2 m/min erreicht. Damit war eine gute Anpassung an die Zeitkonstante der Meßinstrumente erzielt.

Die Umschaltung der Laufrichtung erfolgte über einen Schalter, der durch kleine Teller auf den Fahrseilen in der höchsten und niedrigsten Lage des Fahrkorbes betätigt wurde. Mit Hilfe der in Abb. 6 dargestellten Schaltung konnte der Fahrkorb in der jeweiligen Stellung angehalten werden. Die Haltezeit war wahlweise einstellbar zwischen 0 und 300 Sekunden. Diese Verweilzeit gestattete es, die Meßwerte an den Wendepunkten der Meßstrecke trotz der Zeitkonstanten der Geräte exakt zu bestimmen. Abb. 7 gibt in einem Blockdiagramm die Funktionsweise der Fahrkorbsteuerung wieder. Am Schalter (1) liegen je nach Stellung 0 Volt oder 8 Volt. Diese Rechteckimpulse werden bei (2) differenziert und bei (3) gleichgerichtet. (4) ist ein Univibrator, der auf jeden Impuls einen Rechteckimpuls einstellbarer Länge abgibt. Mit diesem Rechteckimpuls wird über ein Relais (5) der Drehstrom für den Antriebmotor (8) für die Länge des Impulses unterbrochen. Die Rechteckimpulse des Schalters (1) schalten außerdem über ein Verzögerungsglied (6) einen Phasenumschalter (7) zum Umsteuern der Motordrehrichtung. So erfolgt die Änderung der Motordrehrichtung jedesmal erst nach dem Abschalten des Motors.

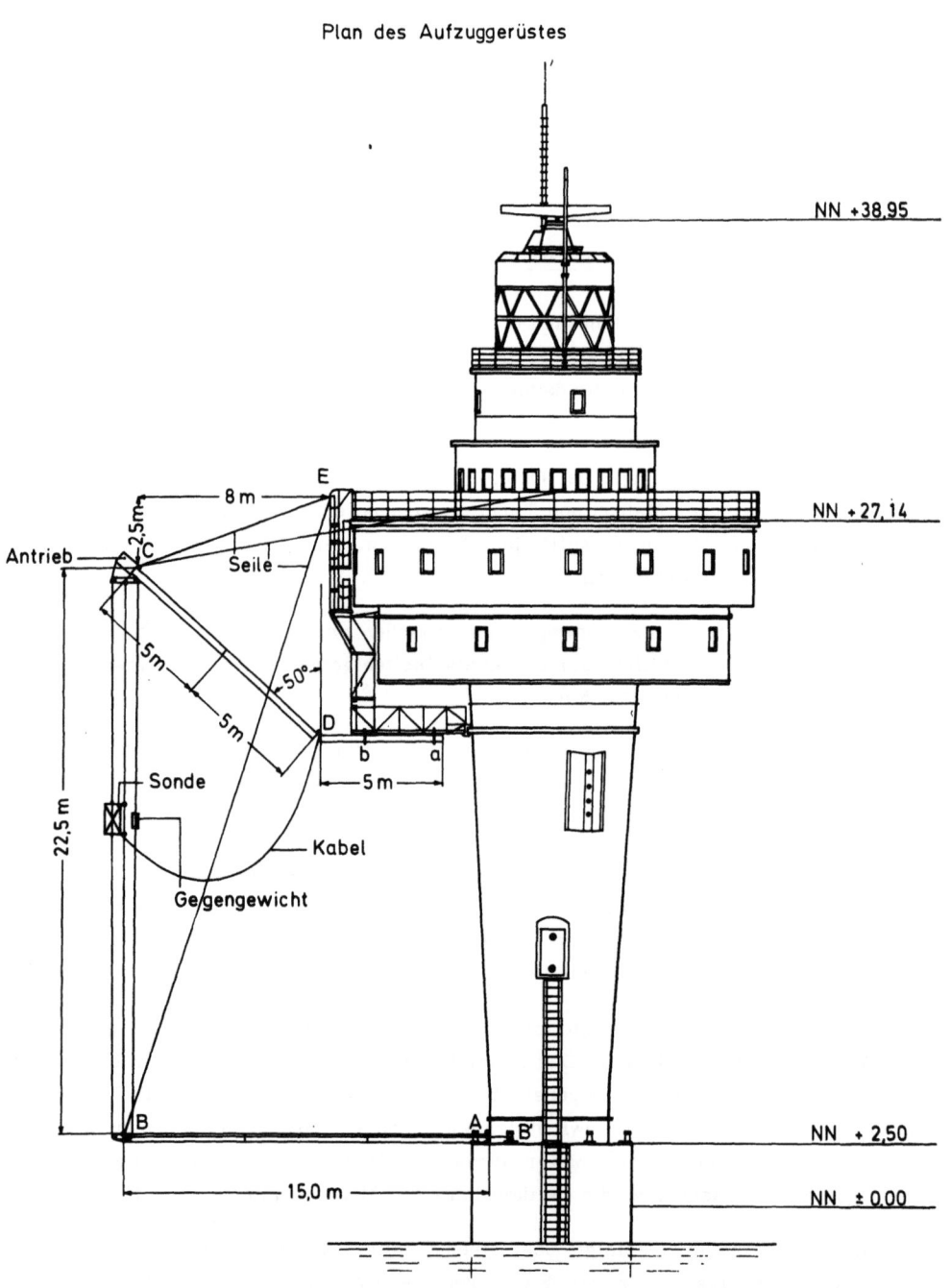

Abb. 5: Leuchtturm "Alte Weser" mit Aufzuggerüst für Profilmessungen

Die Messung der Fahrkorbhöhe erfolgte mit einem Potentiometer (P_1), das über ein Getriebe und ein Schnurlaufrad mit den Fahrseilen des Aufzuges gekoppelt war. Eine geeignete Brückenschaltung (Abb. 8) erlaubte einen Nullabgleich (P_2) und Eichung der Höhenanzeige (P_3).

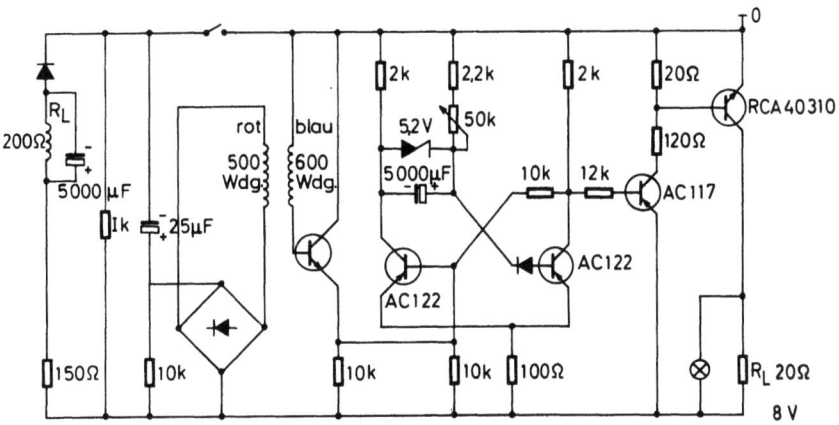

Abb. 6: Schaltbild zur Fahrkorbsteuerung

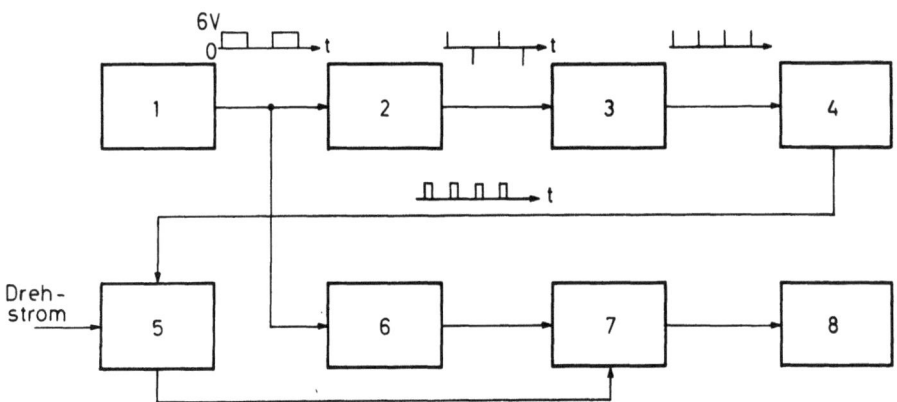

Abb. 7: Blockschaltbild zur Wirkungsweise der Fahrkorbsteuerung

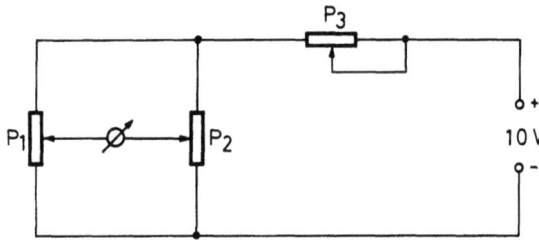

P_1 = Mit der Fahrkorbmechanik gekoppeltes Potentiometer

P_2 = Potentiometer für Nullabgleich

P_3 = Potentiometer für Vollausschlag

Abb. 8: Brückenschaltung zur Höhenanzeige

3.5 Meßgrößen und ihre Registrierung

Bei den im Oktober 1969 durchgeführten Messungen zur Überprüfung der Apparaturen und zum Testen der prinzipiellen Durchführbarkeit der geplanten Experimente erfolgte die Registrierung der Meßwerte mit Meßwertschreibern. Diese Art der Aufzeichnung hat den Vorteil, Fehler in der gesamten Anlage wie sprunghafte Änderungen oder systematische Gänge in den Meßgrößen leicht erkennen zu können. Eine derartige Registrierung ist allerdings für die Auswertung unvorteilhaft, da für alle Berechnungen die Meßwerte zunächst digitalisiert werden müssen.

Bei den Messungen im Mai und Juni 1970 wurden deshalb alle Meßwerte gleich in digitaler Form ausgedruckt.

Im einzelnen wurden folgende Größen gemessen und registriert:

1. Höhe des Fahrkorbes über NN,
2. Temperatur im Fahrkorb,
3. Ozondauerregistrierung in 25 m Höhe,
4. Ozonregistrierung im Fahrkorb,
5. Ozonregistrierung im Fahrkorb mit zusätzlichem Filter,
6. Windgeschwindigkeit in 35 m Höhe,
7. Dauerregistrierung des Wasserstandes.

Die Ozonmeßwerte von einer Station auf Norderney, die simultan zu den Leuchtturmmessungen erzielt wurden, wurden bei der Auswertung der eigenen Daten mitbenutzt. Die geringe räumliche Distanz der beiden Meßorte gestattet Vergleiche der Ozonwerte im täglichen Maximum sowie über längere Zeit. Voraussetzung ist jedoch vom Meer heranwehende Luft, damit an beide Meßorte ein einheitlicher Luftkörper mit der gleichen Ozonkonzentration gelangt.

3.6 Anschlußmessungen des Ozonprofils in höheren Schichten mit Ballonsonden

Es war zu erwarten, daß sich über dem Meer eine Schicht aus feinen Sprühwassertropfen befindet, deren Dichte und Höhe mit der Windgeschwindigkeit verknüpft sind. Diese Tröpfchen müssen auf Ozon dieselbe Wirkung haben wie die Meeresoberfläche selbst. Da zu Beginn der Messungen nicht bekannt war, wie groß der ozonzerstörende Einfluß dieser Schicht ist und bis zu welcher Höhe er reicht, wurde geplant, die Profilmessungen mit dem Aufzug durch Anschlußmessungen mit Ballonaufstiegen zu ergänzen.

Die hierzu benutzten Sensoren in den Ballonsonden gestatteten die Erfassung von Ozonkonzentration, Druck und Temperatur. Um die Profile mehrfach ausmessen zu können, wurde der Ballon mit einem Nylonseil gefesselt. Mit einer elektrisch betriebenen Seilwinde konnte der Ballon hinaufgelassen und heruntergezogen werden. Der Antrieb war so dimensioniert, daß eine mittlere vertikale Geschwindigkeit von 2 m/sec erreicht wurde. Der Nachteil eines gefesselten Ballons ist die Beschränkung der Einsatzmöglichkeit auf Windgeschwindigkeiten unter etwa 3 m/sec.

Die Übertragung der Meßdaten erfolgte über Funk bei einer Frequenz von 154 MHz. Die demodulierten Signale wurden auf ein einfaches Tonbandgerät übertragen. Dabei konnten durch gleichzeitige Aufnahme einer konstanten Frequenz von 1 kHz auf einer anderen Spur die Gleichlaufschwankungen des Bandgerätes unberücksichtigt bleiben.

Als Sensoren für Druck und Temperatur wurden kommerzielle Geräte benutzt, ebenso für den Sondensender. Als Ozonsensor diente eine der in 2.1 beschriebenen Brewer-Sonden.

4. Auswertung der Messungen und Meßergebnisse

4.1 Theoretische Grundlagen

Ein Hauptteil dieser Arbeit ist die Berechnung des vertikalen Ozonflusses aus Profilmessungen der Ozonkonzentration. Nach dem ersten Fickschen Gesetz kann man den Fluß bei gegebenem Konzentrationsgradienten und bekannten Diffusionskonstanten berechnen. Der vertikale Ozonfluß F ist proportional der Luftdichte ρ und dem Gradienten $\frac{\partial q}{\partial z}$ des Mischungsverhältnisses q von Ozon zu Luft

$$F = \rho \, K_{O_3} \, \frac{\partial q}{\partial z} \, . \tag{1}$$

K_{O_3} wird als Schein-Diffusionskoeffizient bezeichnet und hat die Dimension $[cm^2/sec]$. ρK_{O_3} heißt oftmals auch Austauschkoeffizient. Als Ausdruck der turbulenten Vertikalbewegung ist K abhängig von der Dichteschichtung. In den wassernahen Luftschichten sind die vertikalen Gradienten den mittleren Differenzen des Mischungsverhältnisses zwischen einer Höhe z und der Wasseroberfläche Δq proportional und die Höhenfunktion näherungsweise logarithmisch [MONTGOMERY 1940, BROCKS 1955].

$$\frac{\partial \bar{q}}{\partial z} = \Gamma_{O_3} \, \frac{\Delta q}{z} \tag{2a}$$

$$\frac{\partial \bar{u}}{\partial z} = \Gamma_u \, \frac{\bar{u}}{z} \, . \tag{2b}$$

Hierin ist $\bar{u}$ die mittlere Windgeschwindigkeit und $\bar{q}$ allgemein der gemittelte Wert einer beliebigen Eigenschaft des Luftkörpers, z.B. der Konzentration eines speziellen Bestandteiles.

Die Profilkoeffizienten Γ sind in erster Näherung höhenunabhängig. Sie sind jedoch abhängig vom Turbulenzzustand der Luft und somit von der Stabilität der Dichteschichtung.

Bei neutraler Dichteschichtung kann der Prandtlsche Mischungsweganatz benutzt werden [PRANDTL 1932]:

$$|\tau| = \rho \, k^2 \, (z + z_0)^2 \, \left(\frac{\partial \bar{u}}{\partial z}\right)^2 \, . \tag{3}$$

Darin ist τ der Impulsstrom, k die von Karmansche Konstante und z_0 der Rauhigkeitsparameter. Mit $u_* = \sqrt{\tau/\rho}$ und $\tau = \rho \, K_M \, \frac{\partial \bar{u}}{\partial z}$ ergibt sich daraus die Scheinviskosität

$$K_M = k \, (z + z_0) \, u_* \, . \tag{4}$$

Nach Gl. (2) und Gl. (3) kann man schreiben:

$$u_* = k \, \Gamma_u \cdot \bar{u} \, . \tag{5}$$

Daraus ergibt sich für den Fluß F_{O_3} bei Bezug auf eine bestimmte Höhe z

$$F_{O_3} = \rho \, k^2 \cdot \Gamma_u \cdot \Gamma_q \cdot K_{O_3}/K_M \cdot \bar{u} \, \Delta q \tag{6}$$

4.1

und mit der Vereinfachung

$$C_{O_3} \equiv k^2 \cdot \Gamma_u \cdot \Gamma_q \cdot K_{O_3}/K_M ,$$

wobei C_{O_3} den Transportkoeffizienten darstellt, folgt

$$F_{O_3} = \rho \cdot C_{O_3} \cdot \bar{u} \cdot \Delta q . \tag{7}$$

Diese Gleichung gilt für den Fall neutraler Schichtung. Im Fall nicht neutraler Schichtung ist C_{O_3} eine Funktion der Stabilität. Es ist möglich, durch einen Ansatz für die Profilkoeffizienten in folgender Form

$$\frac{\partial u}{\partial z} = \frac{u_*}{k \cdot z} \phi(\zeta) \tag{8}$$

die Schichtungsabhängigkeit formelmäßig zu erfassen, wobei $\phi(\zeta)$ eine Funktion des Stabilitätsparameters ζ ist. Da man jedoch die Abhängigkeit des Transportkoeffizienten C_{O_3} von der Schichtung besser kennt als die Abhängigkeit der Profilkoeffizienten, ist es vorteilhafter, die Gleichung (7) unter Berücksichtigung des Stabilitätseinflusses auch für die Fälle nicht neutraler Schichtung zu benutzen.

Aus den gemessenen Profilen läßt sich das Mischungsverhältnis für eine bestimmte Höhe bei gegebener Windgeschwindigkeit und Schichtung bestimmen.

Wird die Windgeschwindigkeit $u(z)$ in einer Höhe z_a gemessen, so läßt sich unter der Annahme eines logarithmischen Windprofils die Windgeschwindigkeit $u(z)$ in einer bestimmten Höhe z berechnen. Es gilt

$$u(z) = u_a \frac{\log z - \log z_o}{\log z_a - \log z_o} . \tag{9}$$

Wie in 3.3 ausgeführt wurde, ist das Rechnen mit einer gemittelten Windgeschwindigkeit vernünftig. Als guter Mittelungszeitraum muß ein Intervall von ca. 10 Minuten angesehen werden [HASSE 1968].

Ist für den vertikalen Fluß eines Bestandteils der Luft der spezielle Transportkoeffizient C unbekannt, so muß zur Berechnung des Flusses aus gemessenen Konzentrationsgradienten die Annahme gemacht werden, daß unter sonst gleichen Bedingungen die Transportkoeffizienten für verschiedene Bestandteile gleich sind. Diese Annahme ist in weiten Grenzen gerechtfertigt, da die turbulente Diffusion etwa um den Faktor 10^5 größer ist als die molekulare Diffusion und Molekülgröße und Temperatur den Transportvorgang nicht merklich beeinflussen [DEFANT und DEFANT 1958]. Durch Messungen der Transportkoeffizienten verschiedener Größen wurde die Gleichheit mit annehmbarer Genauigkeit bestätigt [REGENER und ALDAZ 1968, HASSE 1968]. Bei der Berechnung der Flüsse ist darauf zu achten, daß der Transportkoeffizient sowohl von der Höhe abhängt als auch von der Stabilität der atmosphärischen Schichtung. Benutzt man als Maß der Stabilität die Richardson Zahl Ri, so besteht der in Abb. 9 dargestellte Zusammenhang zwischen Ri und dem Verhältnis des Transportkoeffizienten zu seinem Wert bei neutraler Schichtung ($Ri = 0$). Es wurde angenommen, daß die Scheindiffusionskoeffizienten K_M und K_{O_3} bei instabiler Schichtung gleich sind [PAULSON 1967]. Für den Fall stabiler Schichtung wurde angenommen, daß

$$\frac{C_{O_3}}{(C_{O_3})_N} = \frac{C_E}{(C_E)_N} \tag{10}$$

ist. C_E ist hier der Transportkoeffizient für Wasserdampf. Der Index N bezeichnet den Fall neutraler Dichteschichtung.

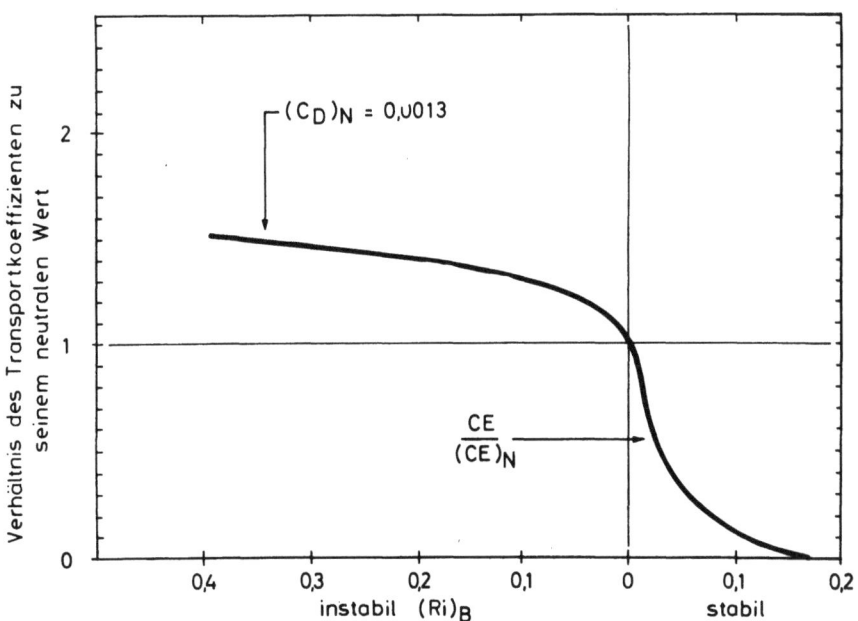

Abb. 9: Verhältnis des Transportkoeffizienten zu seinem neutralen Wert als Funktion der Ri-Zahl

Die Werte für $C_E/(C_E)_N$ wurden übernommen von DEARDORFF [1968]. Da sowohl durch den Transportkoeffizienten C_{O_3} wie auch durch C_E der turbulente Transport von Molekülen beschrieben wird, ist die Forderung einer Gleichheit gemäß Gl. (10) naheliegend.

Wie aus Abb. 9 zu ersehen ist, bewirkt eine kleine Änderung der Dichteschichtung im stabilen Fall eine verhältnismäßig große Änderung des Transportkoeffizienten C_{O_3}. Eine Ungenauigkeit in der Bestimmung der Schichtung im instabilen Fall führt dagegen nur zu einem geringen Fehler bei der Berechnung des Flusses. Der in dieser Arbeit benutzte Wert für den Transportkoeffizienten $(C_{O_3})_N$ wurde unter der Voraussetzung der Gleichheit von $(C_M)_N$ und $(C_{O_3})_N$ folgendermaßen festgelegt:

$$(C_{O_3})_N = (1,3 \pm 0,18) 10^{-3} . \tag{11}$$

Dabei ist $(C_M)_N$ der Wert des Reibungskoeffizienten bei neutraler Schichtung [BROCKS und KRÜGER-MEYER 1970].

Mit dem von RICHARDSON angegebenen Stabilitätskriterium besitzt man eine Möglichkeit, zahlenmäßige Angaben über die dynamische Stabilität der vorliegenden Dichteschichtung zu machen. Werden an einem Ort das vertikale Temperaturprofil und die Windgeschwindigkeit in einer bestimmten Höhe gemessen, so läßt sich daraus die Richardsonsche Zahl Ri berechnen:

$$Ri = \frac{g \frac{\partial \theta}{\partial z}}{T (\frac{\partial \bar{u}}{\partial z})^2} = \frac{g}{T} \frac{\frac{\theta}{T}(\frac{\partial T}{\partial z} + \gamma_{tr})}{(\frac{\partial \bar{u}}{\partial z})^2} . \tag{12}$$

Darin ist g die Schwerebeschleunigung mit 981 cm/sec^2, γ_{tr} der trockenadiabatische Temperaturgradient ($\gamma_{tr} \approx -\frac{1^\circ C}{100\,m}$), T die Temperatur und θ die potentielle Temperatur.

Θ ist definiert durch:

$$\Theta = T \left(\frac{p_o}{p}\right)^{\frac{c_p - c_\alpha}{c_p}} \tag{13}$$

mit c_p = spezifische Wärme bei konstantem Druck, c_α = spezifische Wärme der Luft bei konstantem Volumen, p_o = Luftdruck am Boden und p = Luftdruck in Meßhöhe.

Solange bei Zustandsänderungen feuchter Luft die Sättigung nicht erreicht wird, verhält sich die Luft bei kleinen Änderungen wie trockene Luft. Bei Profilmessungen über wenige Meter ist somit die Berechnung der Richardsonschen Zahl im allgemeinen nach Gl. (12) zulässig.

Aus den Profilmessungen von Ozonkonzentration und Temperatur ist nun die Möglichkeit gegeben, mit Gl. (7) und Gl. (12) und Benutzung des in Abb. 9 gegebenen Zusammenhanges zwischen der Richardsonschen Zahl und dem Transportkoeffizienten den Ozonfluß in die Meeresoberfläche zu berechnen.

Daraus läßt sich die spezifische Ozonzerstörungsrate $\tilde{q}$ der Meeresoberfläche bestimmen:

$$\tilde{q} = \frac{F}{K} \quad [\text{cm/sec}], \tag{14}$$

wobei K die Ozonkonzentration und F der Fluß ist.

4.2 Verarbeitung der gemessenen Ozonprofile

Die Messung der Ozonkonzentration erfolgte gleichzeitig an drei Orten. Die Ozonsensoren waren dabei folgendermaßen verteilt:

1. Ein im folgenden mit Sonde D bezeichneter Sensor war auf der oberen Plattform des Leuchtturmes in 27 m Höhe über NN angebracht und lieferte eine Dauerregistrierung der Ozonkonzentration. Da jedoch der Wasserstand zeitabhängig variiert, ist die wahre Höhe der Sonde D über Wasser eine Funktion des Wasserstandes und muß mit diesem korrigiert werden.

2. Eine weitere Sonde F_o befand sich im Fahrkorb des Aufzuggerüstes. Diese Sonde saugte wie Sonde D ungefilterte Außenluft in ihr chemisches System.

3. Diese Sonde F_m mit Wasserfilter war neben Sonde F_o im Fahrkorb angebracht.

Die beiden Sonden F_o und F_m bewegten sich mit dem Fahrkorb des Aufzuges mit einer Geschwindigkeit von 2 m/min in vertikaler Richtung. Es ist zu beachten, daß ihre Höhe über dem Wasser ebenso wie bei Sonde D von dem momentanen Wasserstand abhängt.

Die Abfrage der Ozonkonzentration an den drei Sensoren erfolgte einmal pro Minute. Auf die Sonden F_o und F_m bezogen entspricht dem ein Wert der Ozonkonzentration pro Sonde und pro 2 m Höhendifferenz bei einer Fahrkorbgeschwindigkeit von 2 m/min.

Ein Vergleich der Ozonregistrierungen über längere Zeit zwischen den drei Sonden macht es möglich, fehlerhaftes Verhalten einer einzelnen Sonde zu erkennen. Fehlmessungen, die im Langzeitbetrieb über viele Stunden in erster Linie durch stetige oder sprunghafte Änderungen der Motordrehzahl und damit durch Änderung der Pumpgeschwindigkeit auftreten können, äußern sich durch Abweichung des mittleren Ozonwertes am oberen Profilpunkt bei nur einer Sonde, da dort alle drei Sonden nahezu auf gleicher Höhe sind.

Eine Vorauswahl der Meßwerte erfolgte deshalb so, daß Profile mit sprunghaften Änderungen einer einzelnen Sonde bei der Auswertung nicht berücksichtigt wurden.

Eine weitere Einschränkung der brauchbaren Meßwerte ist durch die Beschränkung auf Windrichtungen zwischen Nord und West gegeben.

Da am oberen Profilpunkt alle drei Ozonsonden auf gleicher Höhe sind, bietet sich hier die Möglichkeit, durch Eichmessungen auf diesem Niveau Korrekturfaktoren für alle drei Sonden gleichzeitig zu bestimmen. So ist es möglich, den absoluten Fehler in der mittleren Ozonkonzentration für ein gewisses Zeitintervall auf den Fehler der Eichmessung zu reduzieren. Erhalten bleibt dagegen ein relativer Fehler, der durch die Trägheit des chemischen Systems gegenüber schnellen Änderungen der Ozonkonzentration sowie durch Schwankungen der Versorgungsspannungen und Unregelmäßigkeiten in der mechanisch-elektrischen Regelung der Motordrehzahl verursacht wird.

Die diskrete Abfrage der Meßwerte legt eine dem Abfragerhythmus angepaßte Gliederung der Meßwerte nahe. Aus diesem Grunde wurden die Ozonwerte nach ihrer Höhe über dem Wasser in Höhenintervalle von 2 m aufgegliedert. Als Höhe des Wasserspiegels wurde dabei die mit dem Pegelschreiber des Leuchtturmes "Alte Weser" registrierte und über den Seegang gemittelte Wasserhöhe definiert. Für jeweils ein Profil wurde der von der Tidenhöhe abhängige Wasserstand als konstant angesehen. Der dadurch auftretende Fehler ist klein gegen den Fehler, der durch die Einteilung der Höhenangabe in Intervalle von zwei Metern auftritt, und kann deshalb vernachlässigt werden.

Die willkürliche Definition der Höhe des Wasserspiegels auf einen über den Seegang gemittelten Wert erfolgte aus praktischen Erwägungen. Eine solche Definition ist unabhängig von der Wellenhöhe, und eine Registrierung ist einfach und mit guter Genauigkeit durchführbar.

Eine weitere Aufgliederung der Meßdaten erfolgte nach zwei Kriterien: Nach dem einen wurden die Profile für bestimmte Windgeschwindigkeitsintervalle zusammengefaßt. Die Intervallänge wurde zu 1 m/sec gewählt. Nach dem anderen erfolgte eine Sortierung der Profile nach Stabilitätskriterien der Dichteschichtung. Unter Benutzung der gemessenen Temperatur und des Temperaturgradienten wurde mit Gl. 4.1(12) die Richardsonsche Zahl für die Profile ermittelt. Da das Hauptgewicht dieser Arbeit auf der Bestimmung des Ozonflusses als Funktion der Windgeschwindigkeit liegen sollte, erfolgte die Einteilung der Daten nach der vorliegenden Schichtung nur grob in stabile und instabile Schichtung, also in Richardsonsche Zahlen größer und kleiner Null. Für die beiden Fälle wurde zur Ermittlung des schichtungsabhängigen Transportkoeffizienten je eine gemittelte Richardsonsche Zahl errechnet.

Bei einer begrenzten Anzahl von Profilen geht die mit der Mittelwertbildung über eine große Anzahl gewonnene Genauigkeit bei einer feineren Unterteilung nach der Schichtung wieder verloren, da die diskreten Profile auch unter gleichen Bedingungen großen Schwankungen unterworfen sind.

Die Werte der Ozonkonzentration in den diskreten Höhenintervallen der einzelnen Profile wurden nicht direkt aus den Messungen der Fahrkorbsonden F_o und F_m gewonnen, sondern aus der Differenz zu den Messungen der unbeweglich in fester Höhe angebrachten Sonde D:

$$\overline{|O_3|}(h,t) = \overline{|O_3|_D(t)} + \left(|O_3|_{F_{o,m}}(h,t) - |O_3|_D(t)\right). \tag{1}$$

Dabei ist die Ozonkonzentration $|O_3|$ eine Funktion der Höhe h und der Zeit t, $\overline{|O_3|_D(t)}$ die über die zeitliche Länge eines Profils gemittelte Ozonkonzentration bei Sonde D und $\left(|O_3|_{F_{o,m}}(h,t) - |O_3|_D(t)\right)$ die momentane Differenz der Ozonkonzentration in Fahrkorbhöhe zur Ozonkonzentration bei Sonde D.

Diese Auswertung hat den Vorteil, horizontale räumliche und damit am Meßort zeitliche Variationen der Ozonkonzentration, die durch die vertikale Bewegung des Fahrkorbes wieder in eine vertikale Variation transformiert werden, weitgehend zu eliminieren. Außerdem wurden diese Profile durch Eichmessungen auf wahre Ozonwerte umgerechnet.

4.2

Die Variation der Wasserhöhe mit der Zeit entspricht einer vertikalen Verschiebung der einzelnen Profile mit der Änderung des Wasserstandes. Das Maximum dieser Verschiebung ist gleich dem Tidenhub. Dadurch wird zunächst in den gemittelten Profilen eine Verdünnung der Meßdaten am oberen und unteren Ende und damit eine geringere Genauigkeit erzielt als im mittleren Teil, wo sich alle gemittelten Profile überlagern. Diese Verringerung der Genauigkeit wird jedoch dadurch weitgehend kompensiert, daß in den Endpunkten der Profile der Fahrkorb für einige Zeit angehalten wurde, wodurch für diese Punkte zusätzliche Meßwerte gewonnen wurden.

Da der Gradient der Profile bei gleicher Schichtung und Windstärke eine Funktion der Ozonkonzentration in einer bestimmten Höhe ist, wurden zur weiteren Bearbeitung alle Profile auf 100γ in 25 m Höhe normiert. Auf diese Weise werden bei der Mittelwertbildung über mehrere Profile Fehler durch unterschiedliche Ozonkonzentration in einer festen Höhe vermieden. Die Schwankungen der Ozonkonzentration unterhalb 25 m bleiben jedoch für die einzelnen Profile erhalten. Das äußert sich in der Lage der in den Abbildungen 10 und 11 eingezeichneten Regressionsgeraden, die nicht notwendig bei 25 m Höhe eine Ozonkonzentration von 100γ ergeben. Es ist zu beachten, daß bei der Berechnung der wahren Gradienten und Flüsse die nach der Normierung errechneten Werte wieder auf den wahren gemittelten Wert der Ozonkonzentration in 25 m Höhe reduziert werden müssen.

In den Abbildungen 10 und 11 sind die gemittelten und normierten Profile der Ozonkonzentration als Funktion der Höhe dargestellt. Es wurde hier, ebenso wie bei den Abbildungen 12 und 13 zunächst noch zwischen den beiden Sonden mit und ohne Filter unterschieden. Wie ein Vergleich dieser getrennt dargestellten Fälle zeigt, ist bis zu Windgeschwindigkeiten von 9 - 10 m/sec kein Einfluß einer ozonzerstörenden Tröpfchenschicht festzustellen. Eine derartige Schicht würde sich durch zwei Auswirkungen in den dargestellten Profilen bemerkbar machen:

Zum einen ist die Quelle einer eventuell vorhandenen Tröpfchenschicht die Meeresoberfläche. Daraus folgt, daß die Konzentration der ozonzerstörenden Tröpfchen und damit die Ozonzerstörung selbst mit zunehmender Höhe abnehmen müßte. Die Folge wäre eine Abnahme des Gradienten der Ozonkonzentration mit der Höhe.

Zum anderen würde eine derartige Tröpfchenschicht bei dem Ozonsensor ohne Filter mit zunehmender Tröpfchenzahl einen Effekt ergeben, der die ohnehin verminderte Ozonkonzentration in geringerer Höhe durch die Wirkung von Natriumchlorid auf das chemische Meßsystem weiter verkleinern würde.

Durch die Normierung aller Profile auf 100γ in 25 m Höhe müßte deshalb der Gradient der Ozonkonzentration in den Profilen der Sonde ohne Filter eine noch stärkere Zunahme mit abnehmender Höhe zeigen als in den Profilen der Sonde mit Filter.

Die Abbildungen 10 und 11 zeigen jedoch, daß die dort wiedergegebenen Profile mit guter Näherung durch Geraden dargestellt werden können, und zwar für beide Ozonsonden sowohl mit als auch ohne Filter. Darüber hinaus zeigen die Profile der Sonde ohne Filter entgegen der Erwartung im Mittel einen etwas kleineren Gradienten der Ozonkonzentration als die Profile der Sonde mit Filter.

Der Fehler in den durch die Regressionsgeraden dargestellten gemittelten Profilen setzt sich zusammen aus dem Fehler bei den Einzelmessungen sowie aus jenem Anteil, der durch die Mittelung der untereinander trotz gleicher Bedingungen oft recht verschiedenen Profile entsteht. Er wurde im Mittel für alle Profile auf maximal 5 % abgeschätzt.

Da für die im allgemeinen etwas größeren Gradienten der Ozonkonzentration bei Messungen mit Filter kein Grund gefunden werden konnte und im übrigen die Regressionsgeraden jeweils innerhalb der Fehlerbreiten lagen, wurden für die weiteren Berechnungen die Mittelwerte der Gradienten aus den Messungen mit und ohne Filter benutzt.

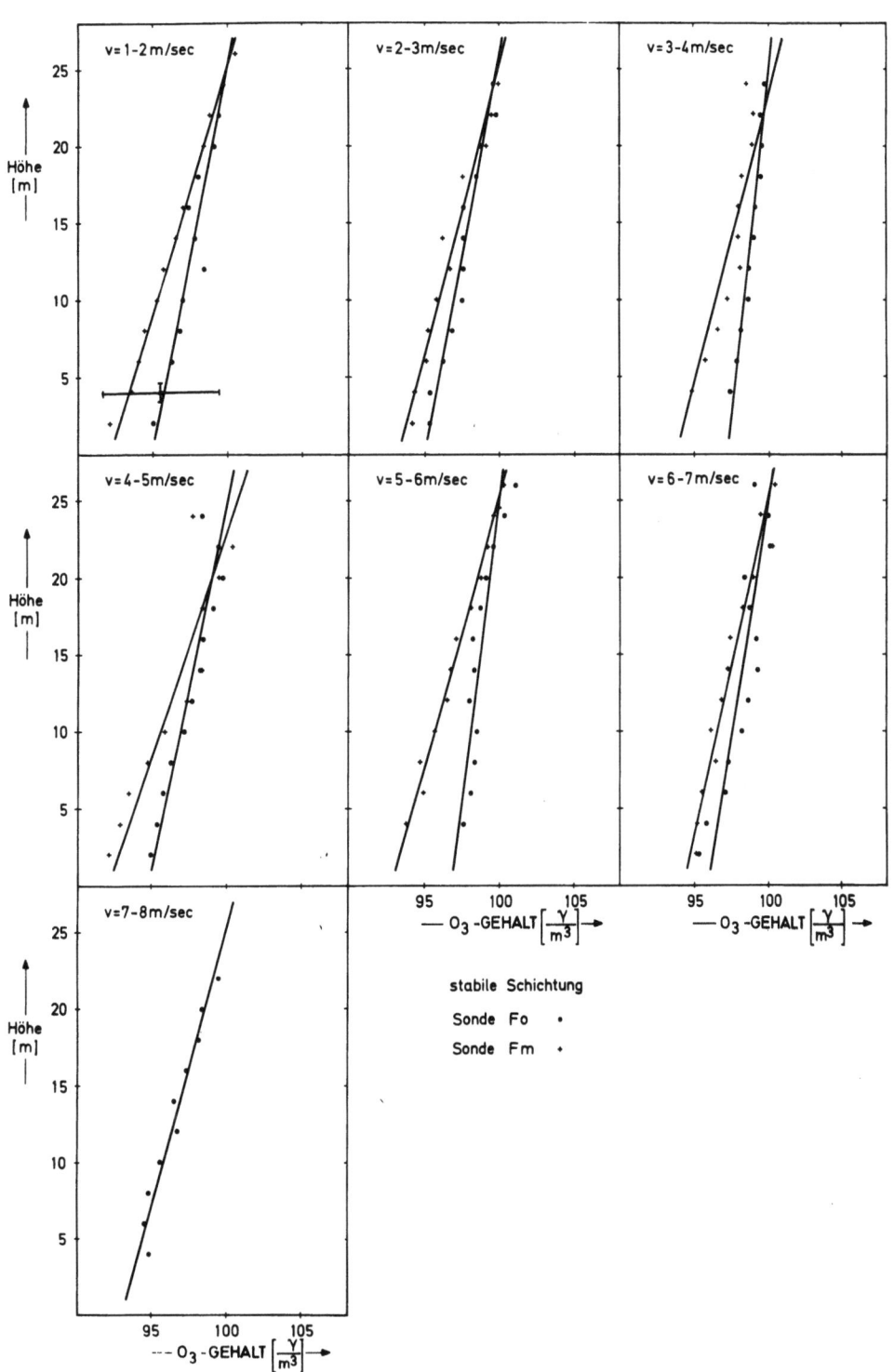

Abb. 10: Höhenprofile der Ozonkonzentration bei verschiedenen Windgeschwindigkeiten und stabiler Schichtung, normiert auf 100 γ in 25 m Höhe

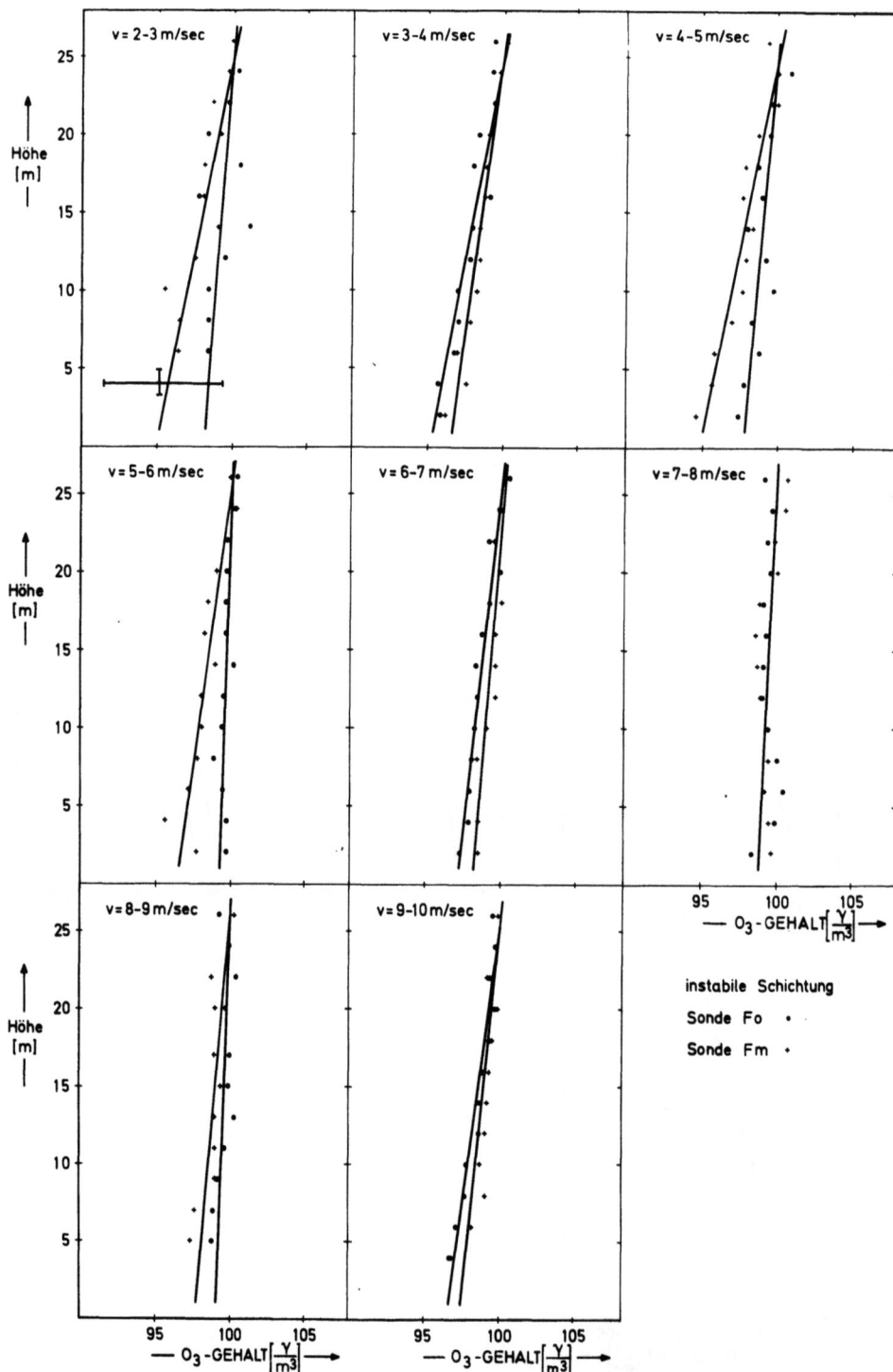

Abb. 11: Höhenprofile der Ozonkonzentration bei verschiedenen Windgeschwindigkeiten und instabiler Schichtung, normiert auf 100 γ in 25 m Höhe

Die Abhängigkeit der Gradienten der Ozonkonzentration von der Windgeschwindigkeit ist in den Abbildungen 12 und 13 für die Fälle instabiler und stabiler Schichtung wiedergegeben. Die eingezeichneten Geraden sind Regressionsgeraden, zu deren Berechnung die Werte der einzelnen Gradienten eines Windgeschwindigkeitsintervalles mit der Anzahl der Profile in diesem Intervall gewichtet wurden. Die in den Zeichnungen eingetragenen Zahlen geben die Anzahl der jeweils benutzten Profile wieder.

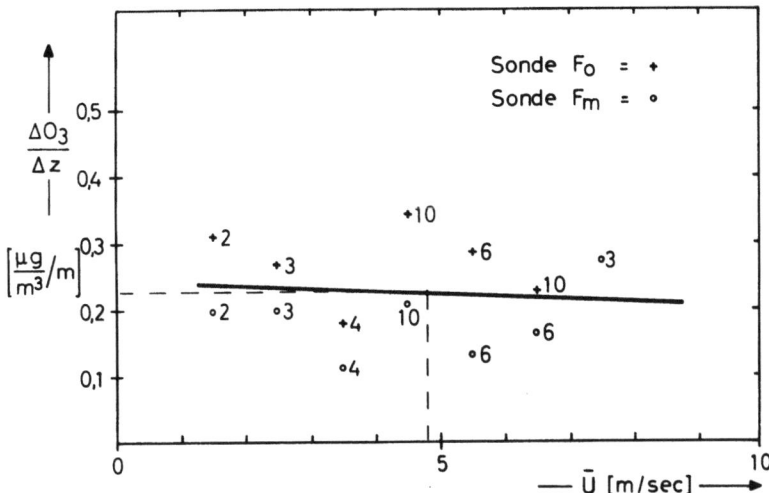

Abb. 12: Gradient des Ozonflusses als Funktion der Windgeschwindigkeit für stabile Schichtung

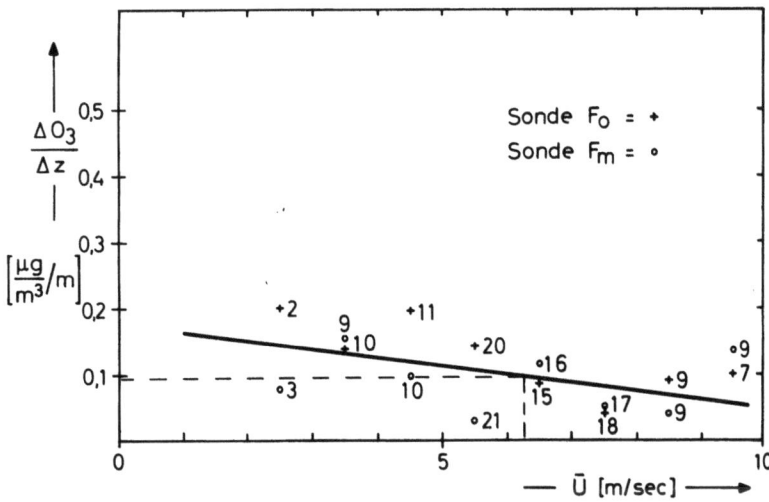

Abb. 13: Gradient des Ozonflusses als Funktion der Windgeschwindigkeit für instabile Schichtung

4.3 Temperaturprofile und Messung der Windgeschwindigkeit

Der in Abschnitt 3.2 beschriebene Temperaturmesser gestattet Absolutmessungen der Temperatur auf $\pm 1/10°C$. Wie bei den Ozonsensoren im Fahrkorb ist die jeweilige Höhe über der Meeresoberfläche eine Funktion des Wasserstandes und muß entsprechend korrigiert werden. Die Abfrage der Temperatur erfolgte ebenfalls einmal pro Minute. Dem entspricht ein Temperaturwert pro 2 m Höhendifferenz. Der im Fahrkorb angebrachte Temperaturfühler war nach oben und unten durch Bleche abgeschirmt, so daß eine Verfälschung der Messung der Lufttemperatur durch Strahlung weitgehend ausgeschlossen war.

Die Werte der Windgeschwindigkeit wurden als zeitliches Mittel der Meßdauer eines Profils berechnet, das sind etwa 13 Minuten. Die bei der Auswertung benutzten Windgeschwindigkeiten sind auf 10 m Höhe reduzierte Werte. Dazu wurde die Gl. 4.1(9) benutzt unter Verwendung eines Rauhigkeitsparameters $z_o = 2 \cdot 10^{-2}$ für glatte See [SUTTON, DEFANT und DEFANT 1958]. Diese gemittelten und auf 10 m Höhe reduzierten Werte werden im folgenden mit $\overline{u_{10}}$ bezeichnet.

Die Einteilung der Ozonkonzentrationsprofile erfolgte nach dem Kriterium der mittleren Windgeschwindigkeit während der Meßdauer eines Profils in Windgeschwindigkeitsintervalle von einem Meter pro Sekunde. Dadurch wird der Fehler in der Angabe der mittleren Windgeschwindigkeit kleiner als 1 m/sec.

Aus den in 4.2 angegebenen Profilen läßt sich bei Berechnung eines mittleren Transportkoeffizienten aus den Temperaturprofilen und der auf 10 m Höhe reduzierten Windgeschwindigkeit der Ozonfluß bei gegebener Ozonkonzentration nach Gl. 4.1(7) berechnen.

4.4 Der Ozonfluß in die Meeresoberfläche und die spezifische Ozonzerstörungsrate der Meeresoberfläche

Nach Gl. 4.1(7) kann der vertikale Ozonfluß berechnet werden aus

$$F_{O_3} = \rho \, C_{O_3} \, \bar{u} \, \Delta q \, .$$

Die Mittelung der Richardsonschen Zahl ergab für den instabilen Fall
$$Ri_{(inst.)} = -0,15 \pm 0,02 \text{ und für den stabilen Fall}$$
$$Ri_{(stab.)} = 0,03 \pm 0,01 \, .$$

Aus Abb. 9 können dazu die Korrekturfaktoren α entnommen werden, für die gilt:

$$\alpha_i = \frac{(C_{O_3})_{inst.}}{(C_{O_3})_N} \tag{1}$$

$$\alpha_s = \frac{(C_{O_3})_{stab.}}{(C_{O_3})_N} \, . \tag{2}$$

Man findet:

$$\alpha_i = +1,5 \pm 0,05$$
$$\alpha_s = +0,5 \pm 0,20 \, .$$

Mit einem Transportkoeffizienten von $(C_{O_3})_N = 0,0013 \pm 0,00018$ für neutrale Schichtung ergibt sich nach Abb. 9:

$$\overline{(C_{O_3})_{inst.}} = 0,002 \tag{3a}$$

und

$$\overline{(C_{O_3})_{stab.}} = 0,00065 \, . \tag{3b}$$

Die Gradienten der Ozonkonzentration, die in den Abbildungen 12 und 13 als Funktion der Windgeschwindigkeit dargestellt sind, wurden für die beiden Ozonsensoren mit und ohne Filter gemittelt. Eine Abnahme der Gradienten mit wachsender Windgeschwindigkeit gemäß den eingezeichneten Regressionsgeraden ist nicht signifikant. Darüber hinaus bedeutet ein linearer Abfall, daß der Fluß mit zunehmender Windgeschwindigkeit ein Maximum überschreitet und dann gegen Null geht, was sicher falsch ist.

Für den mittleren Gradienten bei instabiler Schichtung ergibt sich:

$$\left(\frac{\Delta [O_3]}{\Delta z}\right)_{instab.} = 0,09 \frac{\gamma O_3/m^3}{m} , \tag{4a}$$

entsprechend für stabile Schichtung:

$$\left(\frac{\Delta [O_3]}{\Delta z}\right)_{stab.} = 0,23 \frac{\gamma O_3/m^3}{m} . \tag{4b}$$

Die berechneten Ozonflüsse in die Meeresoberfläche sind in Abb. 14 dargestellt. Die geringe Differenz der beiden Geraden für stabile und instabile Schichtung legt eine Mittelung der beiden Fälle nahe. Die in Abb. 14 dargestellte durchgezogene Linie ist das mit der Anzahl der Profile gewichtete Mittel des windabhängigen, aber schichtungsunabhängigen vertikalen Ozonflusses. Es ist zu beachten, daß die Größe des Flusses von der Ozonkonzentration abhängt. Da alle Profile auf 100γ in 25 m Höhe normiert wurden, gelten die angegebenen Werte nur für diese Ozonkonzentration. Die Konzentration ist jedoch linear mit dem Fluß verknüpft. Deshalb kann ohne Schwierigkeiten der Fluß für jede beliebige Ozonkonzentration berechnet werden.

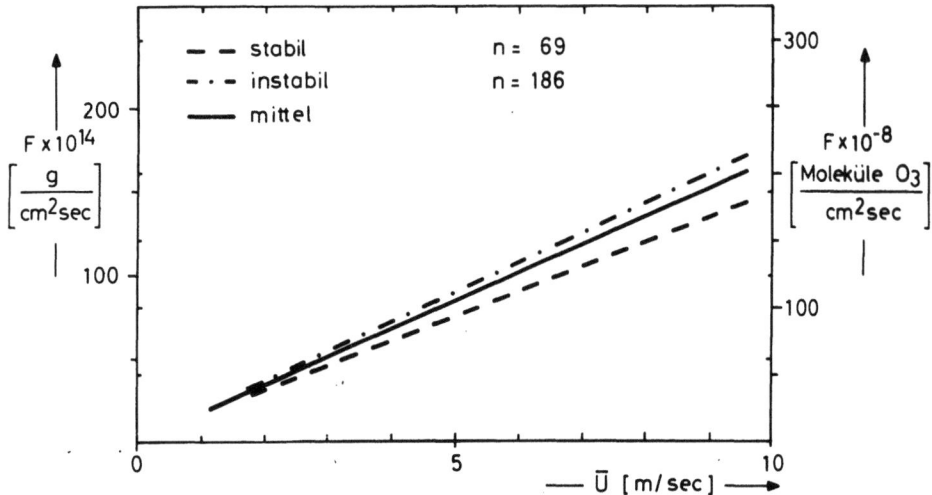

Abb. 14: Ozonfluß in die Oberfläche als Funktion der Windgeschwindigkeit für stabile und instabile Schichtung

Ein von der Konzentration unabhängiges Maß für die Ozonsenke an der Meeresoberfläche bietet die Zerstörungsrate q:

$$\tilde{q}\left[\frac{cm}{sec}\right] = F\left[\frac{g}{cm^2 sec}\right] / K\left[\frac{g}{cm^3}\right] \tag{5}$$

mit dem Fluß F und der Konzentration K.

Abb. 15 zeigt den Zusammenhang der spezifischen Ozonzerstörungsrate an der Meeresoberfläche als Funktion der Windgeschwindigkeit. Für Windgeschwindigkeiten zwischen 1 m/sec und 10 m/sec ergibt sich daraus folgender Zusammenhang der Zerstörungsrate mit der Windgeschwindigkeit in 10 m Höhe:

$$\tilde{q} = 1,7 \cdot 10^{-5} \cdot \bar{u}_{10} \left[\frac{cm}{sec}\right]. \tag{6}$$

Bei Division durch die Windgeschwindigkeit erhält man eine dimensionslose Zahl m, welche die vertikale Verschiebung der Moleküle im Mittel pro horizontal zurückgelegter Wegstrecke angibt:

$$\frac{\tilde{q}}{\bar{u}_{10}} = m = 1,7 \cdot 10^{-5}.$$

Das heißt, die Ozonmoleküle sinken im Mittel um 1,7 cm ab auf einer Wegstrecke von 1 km unabhängig von der Windgeschwindigkeit.

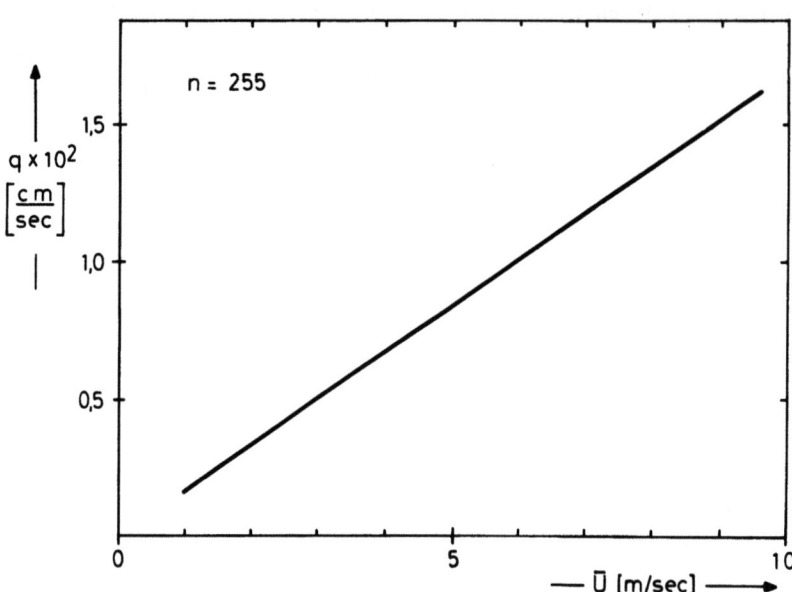

Abb. 15: Spezifische Ozonzerstörungsrate als Funktion der Windgeschwindigkeit

4.5 Ergebnisse der Ballonaufstiege

Mit der in 3.6 beschriebenen Ballonsonde wurden am Nachmittag des 26. Juni 1970 neun Ozonprofile zwischen 25 m und 1000 m Höhe ausgemessen. Die Ozonkonzentrationen am obersten und untersten Profilpunkt wurden gemittelt, um kurzzeitige Schwankungen der Konzentration zu eliminieren. Im Laufe der Meßzeit zeigte sich eine langsame stetige Zunahme der Ozonkonzentration.

Zeit MEZ	O_3-Konz. 25 m Höhe [γ]	O_3-Konz. 1000 m Höhe [γ]	O_3-Konz. 1000 m Höhe reduziert auf 25 m Höhe [γ]	Δ (O_3-Konz. 25 m, O_3-Konz. 1000 m (red.)) [γ]
16.24	75			
16.30		65	75	0
16.37	83			+8
16.43		73	84	-1
16.50	93			-9
16.56		80	92	+1
17.22	94			+2
17.40		80	92	+2
18.04	95			+3
18.12		88	101	-6

$\overline{O_3\ 25\ m} = (88 \pm 3,9)\gamma$ $\overline{\Delta O_3} = (0 \pm 1,66)\gamma$

Spalte 1 der Tabelle gibt die Zeit, Spalte 2 und 3 die Ozonkonzentrationen zu diesen Zeiten in 25 m und 1000 m Höhe an. Die auf 25 m Höhe adiabatisch reduzierten Werte von 1000 m Höhe finden sich in der vierten Spalte. Die Differenzen von Spalte 2 und 4, die aus jeweils zwei zeitlich aufeinanderfolgenden Meßwerten gebildet wurden, sind in Spalte 5 aufgetragen. Der Mittelwert dieser Differenzen beträgt $(0 \pm 1,66)\gamma$. Für den Bodenwert in 25 m Höhe ergibt die Mittelung eine Ozonkonzentration von $(88 \pm 3,9)\gamma$. Da die Meßgenauigkeit der Brewer-Ozonsonde $\pm 5\%$ beträgt, ist der maximale Gesamtfehler $\pm 8\%$. Damit ergibt sich innerhalb der Fehlerbreite ein maximaler Gradient der Ozonkonzentration von $0,007\gamma/m$. Dieser ist um mehr als den Faktor 10 geringer als der kleinste gemessene Gradient in Bodennähe.

Hieraus sind die folgenden Schlüsse möglich:

1. Die Konstanz der Flüsse ist eine nur für die untersten Schichten erlaubte Annahme.
2. Für Höhen zwischen 25 m und 1000 m scheint die Atmosphäre so gut durchmischt zu sein, daß dort ein nahezu konstantes Mischungsverhältnis angetroffen wird.
3. Eine genaue Abgrenzung der in 1. und 2. angegebenen atmosphärischen Zustände ist durch den großen möglichen Fehler von 8% im vorliegenden Meßmaterial nicht möglich.

5. Fehlerabschätzung

Wie in Abschnitt 3.112 gezeigt, sind die Ozonmessungen mit der Brewer-Sonde mit einem relativen Fehler von 5% behaftet. Dieser Fehler verringert sich nicht durch die Eichmessung, da diese ebenfalls einen Fehler von maximal 5% aufweisen kann. Durch die Normierung der Profile verringert sich jedoch der Fehler auf einen relativen Fehler von etwa 2%, der durch Schwankungen der Ozonkonzentration und des Pumpengleichlaufs bewirkt wird.

Die Höhenangabe über der Meeresoberfläche ist infolge der Höheneinteilung in Intervalle von 1 m mit einem mittleren Fehler von < 4% behaftet. Der aus den normierten Profilen berechnete Gradient der Ozonkonzentration hat somit einen Fehler < 4,5%.

Nach den Angaben von BROCKS und KRÜGERMEYER [1970] ist der Transportkoeffizient bei neutraler Schichtung $(1,30 \pm 0,18) \cdot 10^{-3}$. Dem entspricht ein prozentualer Fehler von 7%.

Die Genauigkeit der Richardsonschen Zahl beträgt im instabilen Fall 14% und im stabilen Fall 33%. Daraus folgt für die Genauigkeit des Korrekturfaktors für den Transportkoeffizienten im instabilen Fall ein Fehler von 7% und im stabilen Fall 40%.

Die mittlere Windgeschwindigkeit weist durch die Einteilung in Windgeschwindigkeitsintervalle einen mittleren Fehler von < 5% auf.

Nach dem Fehlerfortpflanzungsgesetz ergibt sich für den Ozonfluß im Fall instabiler Schichtung ein Fehler von 20% und ein Fehler von 53% im Fall stabiler Schichtung. Die Zerstörungsraten haben entsprechend Fehler von 23% und 56%.

6. Vergleich der Meßergebnisse mit Labormessungen

Die spezifischen Ozonzerstörungsraten verschiedener Oberflächentypen wurden bis heute nur aus Labormessungen bestimmt [ALDAZ 1968]. Dazu wurde in einen Kasten, die sogenannte Fluxbox, dessen Wände mit ozonresistentem Material überzogen waren, eine Probe des zu untersuchenden Materials gebracht. Ein im Innern des Kastens angebrachter Ventilator sorgte für dauernde gute Durchmischung des mit Ozon angereicherten Probeluftkörpers. Aus der Abklingzeit der Ozonkonzentration war es dann möglich, die Ozonzerstörungsrate zu berechnen. Für Seewasser erhielt ALDAZ so einen Wert von q = 0,04 cm/sec. Ein Vergleich mit den vorliegenden Meßergebnissen zeigt, daß eine derartige Zerstörungsrate erst bei Windgeschwindigkeiten von ca. 24 m/sec erreicht wird, vorausgesetzt, daß der lineare Zusammenhang zwischen Windgeschwindigkeit und Zerstörungsrate auch für höhere Windgeschwindigkeiten Gültigkeit besitzt. Dieser hohe Wert der Zerstörungsrate wird vermutlich durch den Ventilator bewirkt, der im geschlossenen Kasten eine viel zu große vertikale Teilchenbewegung erzeugt. Die von FABIAN und JUNGE [1970] durchgeführten Berechnungen der globalen Ozonsenke, bei denen die Werte von ALDAZ für eine mittlere Windgeschwindigkeit über See von 7,5 m/sec angenommen wurden, ergeben somit unter der Voraussetzung, daß die über der Nordsee gewonnenen Ergebnisse auf die Weltmeere übertragen werden dürfen, für die Ozeane als Ozonsenke einen um den Faktor 3 zu hohen Wert.

7. Abschätzung der globalen Ozonsenke unter Berücksichtigung der gemessenen spezifischen Zerstörungsrate an der Meeresoberfläche

Die von FABIAN und JUNGE [1970] durchgeführten Berechnungen der globalen Ozonsenke beruhen auf den von ALDAZ [1968] gemessenen Zerstörungsraten nach der Fluxboxmethode. Bei Unterteilung der Werte nach Nord- und Südhemisphäre und nach der Senke über Wasser und anderen Oberflächen ergaben sich folgende partielle Flüsse:

Ozonsenke		südliche Hemisphäre		nördliche Hemisphäre	
Wasser	min.	$0{,}34 \cdot 10^{29}$ Moleküle/sec	min.	$0{,}29 \cdot 10^{29}$	Moleküle/sec
	max.	$0{,}39 \cdot 10^{29}$ "	max.	$0{,}32 \cdot 10^{29}$	"
Sonstiges	min.	$0{,}29 \cdot 10^{29}$ "	min.	$0{,}84 \cdot 10^{29}$	"
	max.	$0{,}57 \cdot 10^{29}$ "	max.	$1{,}63 \cdot 10^{29}$	"

Unter Berücksichtigung der um den Faktor 3,08 kleineren gemessenen Zerstörungsrate über dem Meer verändern sich die Werte folgendermaßen:

Ozonsenke		südliche Hemisphäre		nördliche Hemisphäre	
Wasser	min.	$0{,}11 \cdot 10^{29}$ Moleküle/sec	min.	$0{,}09 \cdot 10^{29}$	Moleküle/sec
	max.	$0{,}13 \cdot 10^{29}$ "	max.	$0{,}10 \cdot 10^{29}$	"

Damit erhält man für die globale Ozonsenke statt 1,8 bis 3,0 · 10^{29} Molekül/sec folgende neue Werte:

$$1,33 \text{ bis } 2,43 \cdot 10^{29} \text{ Moleküle/sec}$$
$$= 10,4 \text{ bis } 19,4 \text{ t/sec}$$
$$= 3,24 \text{ bis } 6,04 \cdot 10^{8} \text{ t/Jahr}.$$

Wie ein Vergleich der Zahlen zeigt, sind die neuen Werte im Mittel um ein Fünftel geringer. Da jedoch auch die Werte für die Zerstörungsraten anderer Oberflächentypen nach der Fluxboxmethode gewonnen wurden, ist anzunehmen, daß die wahre globale Ozonsenke noch geringer angenommen werden muß.

8. Zusammenfassung

Die Profilmessungen zwischen 1 m und 20 m Höhe ergaben konstante Gradienten der Ozonkonzentration und damit konstante Ozonflüsse bei gegebener Schichtung und Windgeschwindigkeit. Ein Anwachsen des Gradienten mit zunehmender Stabilität wurde beobachtet. Da jedoch der Transportkoeffizient mit zunehmender Stabilität geringer wird, ergab die Berechnung des Flusses und der Zerstörungsrate keinen signifikanten Unterschied für die beiden hier getrennt behandelten Fälle stabiler und instabiler Schichtung.

Der Gradient der Ozonkonzentration erwies sich in den Grenzen der Meßgenauigkeit als unabhängig von der Windgeschwindigkeit. Es ergab sich für stabile Schichtung bei einer gemittelten Richardsonschen Zahl von $\overline{R_i} = 0,03 \pm 0,01$ ein mittlerer Gradient von $(0,23 \pm 0,12)\gamma/m$ und für instabile Schichtung für $\overline{R_i} = -0,15 \pm 0,02$ ein mittlerer Gradient von $(0,09 \pm 0,018)\gamma/m$ bei einer angenommenen Ozonkonzentration von 100γ in 25 m Höhe. Diese Werte gelten im Windgeschwindigkeitsintervall von 1 m/sec bis 10 m/sec.

Im beobachteten Bereich der Windgeschwindigkeiten von 1 m/sec bis 10 m/sec sind somit der vertikale Ozonfluß bei konstanter Ozonkonzentration in einer festen Höhe und die Zerstörungsrate lineare Funktionen der Windgeschwindigkeit.

Für die Zerstörungsrate q erhält man als Zusammenhang mit der mittleren Windgeschwindigkeit $\overline{u}_{10}$ in 10 m Höhe:

$$q = (1,7 \pm 0,6) \cdot 10^{-5} \cdot \overline{u}_{10} \left[\frac{cm}{sec}\right].$$

Der mit der Höhe konstante vertikale Ozonfluß, der bei den Profilmessungen in den unteren 28 Metern gefunden wurde, ist in höheren Schichten nicht mehr nachweisbar. Wie die Profilmessungen mit Ballonsonden zeigen, ist zwischen 25 m und 1000 m Höhe mit einem nahezu konstanten Mischungsverhältnis von Ozon zu Luft zu rechnen. Der Fehler ist dabei < 8 %. Hierfür sind vermutlich Luftbewegungen mit größeren vertikalen Transporten verantwortlich.

Summary

Profile determinations conducted at heights between 1 m and 20 m yielded constant ozone concentration gradients and constant ozone fluxes for given stratification and wind velocity. An increase in the gradient with increasing stability was observed. However, since the transport coefficient decreases as the stability increases, calculation of the flux and the destruction rate yielded no significant difference for the two cases of stable and unstable stratification discussed here.

The ozone concentration gradient turned out to be independent of the wind velocity within the errors of the measurement. At stable stratification, for an average Richardson Number of $\overline{R_i} = 0,03 \pm 0,01$, a mean gradient of $(0,23 \pm 0,12)$ γ/m was obtained. For unstable stratification, an average gradient of $(0,09 \pm 0,018)$ γ/m at $\overline{R_i} = -0,15 \pm 0,02$ resulted. Both determinations were based on an assumed ozone concentration of $100\,\gamma$ at a height of 25 m. These values obtain for the wind velocity interval from 1 m/sec to 10 m/sec.

Thus, in the observed range of wind velocities from 1 m/sec to 10 m/sec the vertical ozone flux (at constant ozone concentration of fixed height) and the destruction rate are linear functions of the wind velocity.

At a height of 10 m one obtains for the relation between the destruction rate q and the mean wind velocity $\overline{u}_{10}$:

$$q = (1,7 \pm 0,6) \cdot 10^{-5} \cdot \overline{u}_{10} \left[\frac{cm}{sec}\right].$$

The constant vertical ozone flux from profile determinations in the lower 28 meters isn't evident at higher layers. As profile determinations with balloon sondes show, the mixing ratio of ozone to air is approximately constant at altitudes between 25 m and 1000 m. The error is less than 8%. Presumably, air movements with greater vertical transports are responsible for this.

9. Schlußbetrachtung

Der konstante Gradient der Ozonkonzentration in den unteren Metern bis dicht über die Oberfläche schließt das Vorhandensein einer an dem Ozonabbau maßgeblich beteiligten Sprayschicht im Bereich der Windgeschwindigkeit zwischen 1 m/sec und 10 m/sec aus.

Die hohen Ozonwerte bis dicht über der Oberfläche lassen auf eine den Ozontransport behindernde Grenzschicht schließen. Diese Schicht könnte identisch sein mit einer dünnen laminaren Grenzschicht, durch die der Ozontransport in Form molekularer Diffusion erfolgt. Die Existenz einer solchen laminaren Schicht wurde für den beobachteten Windgeschwindigkeitsbereich von HINZPETER und LOBEMEYER [1968] nachgewiesen.

Eine Möglichkeit zur Untersuchung des Transports durch die Grenzschicht bietet die Fluxboxmethode von ALDAZ. Da die molekulare Diffusion eine Funktion der Temperatur ist, müßte die Zerstörungsrate eine Temperaturabhängigkeit aufweisen. Interessant wäre darüberhinaus eine exaktere Trennung der Profile nach der jeweils vorliegenden atmosphärischen Dichteschichtung. Für eine Auswertung in dieser Richtung war jedoch das vorliegende Meßmaterial nicht geeignet.

Weiterreichende Aussagen über den Verlauf des Konzentrationsgradienten bis an die Oberfläche sind von großem Interesse. Der experimentellen Durchführung derartiger Messungen sind jedoch durch die vertikale Bewegung der Meeresoberfläche Grenzen gesetzt.

Meinem verstorbenen, verehrten Lehrer, Herrn Professor Dr. A. Ehmert danke ich für die Übertragung dieser Arbeit, sein Interesse an der Durchführung der Messungen und an den Meßergebnissen. Seine anregenden Diskussionen und Hinweise aus seiner eigenen langjährigen Erfahrung bei Ozonmessungen und seine wohlwollende Förderung waren mir wertvolle Hilfen bei der Bewältigung dieser Arbeit.

Herrn Dr. P. Fabian gilt mein Dank für seine dieser Arbeit vorausgegangenen Bemühungen bei der Wahl des Themas und der Abgrenzung der Arbeit. Seine Mithilfe bei der Wahl des Meßplatzes, bei den vorausgegangenen Testmessungen und bei den Verhandlungen mit dem Wasser- und Schiffahrtsamt Bremerhaven ermöglichten es, die Messungen auf dem Leuchtturm "Alte Weser" durchzuführen. Für seine Ratschläge und die kritischen fachlichen Diskussionen danke ich ihm aufrichtig, ebenso wie Herrn Dr. P. G. Pruchniewicz, der außerdem infolge seiner großen Erfahrung bei Ozonmessungen wertvolle Hinweise und Ratschläge zur Durchführung der Messungen gab.

Den Herren von der mechanischen Werkstatt danke ich für die Anfertigung des Aufzuggerüstes, insbesondere Herrn Rudolf, der während der Profilmessungen mit Fahrkorb und Ballonen eine tatkräftige Hilfe war.

Außerdem danke ich den Herren vom Wasser- und Schiffahrtsamt Bremerhaven, die den Leuchtturm "Alte Weser" als Meßplatz zur Verfügung stellten. Den Herren von der Besatzung des Leuchtturmes "Alte Weser" danke ich für die gute und bereitwillige Unterstützung bei der Durchführung der Messungen auf ihrem Turm.

Literaturverzeichnis

ALDAZ, L.: Flux measurements of atmospheric ozone over land and water. - Ozone Symposium Monte Carlo, 1968.

ATTMANNSPACHER, W.: Sonderbeobachtungen des Meteorologischen Observatoriums Hohenpeißenberg, Nr. 1, 1968, und Ergebnisse der Jahre 1967 - 1968.

BREWER, A.W., J.R. MILFORD: The Oxford-Kew ozone sonde. - Proc. Roy. Soc. A, 256, 470, 1960.

BROCKS, K.: Wasserdampfschichtung über dem Meer und die Rauhigkeit der Meeresoberfläche. - Arch. Met. Geophys. Bioklim. A, 8, 354 - 388, 1955.

BROCKS, K, L. KRÜGERMEYER: Berichte des Instituts für Radiometeorologie und Maritime Meteorologie, Nr. 14 Hamburg, 1970.

CHAPMAN, S.: On ozone and atomic oxygen in the upper atmosphere. - Phil. Mag. (7), 10, 345, 1930.

DEARDORFF, J.W.: Dependence of air-sea transfer coefficients on bulk stability. - Journ. Geophys. Res., 73, No. 8, 1968.

DEFANT, A., F. DEFANT: Physikalische Dynamik der Atmosphäre. - Akademische Verlagsgesellschaft mbH, Frankfurt/M., 1958.

DÜTSCH, H.U.: Two years of regular ozone soundings over Boulder/Col. . - NCAR Techn. Notes, Boulder/Col., 1966.

DÜTSCH, H.U.: The photochemistry of stratospheric ozone. - Quart. Journ. of Roy. Met. Soc., 94, 433, 1968.

EHMERT, A.: Über den Tagesgang des bodennahen Ozons. - Vortrag Sondertagung "Ozon", Tharandt, 1944, Ber. d. Dtsch. Wetterdienst. d. US-Zone, Nr. 11, 58, 1949.

EUCKEN, A.: Grundriß der physikalischen Chemie. - Akademische Verlagsgesellschaft Geest u. Portig KG, Leipzig 1948.

FABIAN, P., Ch.E. JUNGE: Global rate of ozone destruction of the earth's surface. - Arch. Met., Geophys., u. Bioklim. 19, 161 - 172, 1970.

HASSE, L.: Zur Bestimmung von Impuls und fühlbarer Wärme in der wassernahen Luftschicht über See. - Hamburger Geophysikalische Einzelschrift, Cram, de Gruyter und Co., Hamburg 1968.

HERING, W.S., T.S. BORDEN: Mean distribution of ozone density over North America 1963 - 1964. - Air Force Cambridge Research Laboratories AFCRL - 65 - 913, No. 162, Bedf. Mass., 1965.

HINZPETER, H., P. LOBEMEYER: Das Temperaturprofil in den ersten Zentimetern über der Wasseroberfläche. - Ann. Met., s.a. Vortragszusammenfassung Meteorologen-Geophysikertagung, Hamburg 1968, S. 1.

HOLLEMANN - WIBERG: Lehrbuch der anorganischen Chemie. - Walter de Gruyter u. Co., Berlin 1964.

JUNGE, Ch.E.: Globale ozone budget and exchange between stratosphere and troposphere. - Tellus, 14, 363, 1962.

KOMHYR, W.D.: A carbon-iodine ozone sensor for atmospheric soundings. - In "Atm. Ozone Symposium, Albuquerque, New Mexico".

LAHMANN, E.: Ozon in städtischer Luft. - Umschau 1969, Heft 21.

MONTGOMERY, R.B.: Observations of vertical humidity distribution above the ocean surface and their relation to evaporation. - Pap. Phys. Ocean. Meteor. 7, No. 4, 335, 1940.

MUELLER, J.J.: Ozonsonde, Bubbler Typ. - AFCRL - 68 - 0409, 31. July 1968.

NEWELL, R. E.:	Transfer through the tropopause and within the stratosphere. - Quart. Journ. of Roy. Met. Soc. 89, 167, 1963.
PAETZOLD, H. K., E. REGENER:	Ozon in der Erdatmosphäre. - Handbuch der Physik XLVIII, 370, 1957.
PAULSON, C. A.:	Profiles of wind speed, temperature, and humidity over sea. - Sci. Rept. NSF GP-2418, Dept. of Atm. Sci., University of Washington, 1967.
PRANDTL, L.:	Meteorologische Anwendung der Strömungslehre. - Beitrg. Phys. fr. Atmos. 19, 188-202, 1932.
PRIESTLY, C. A. B.:	Turbulent transfer in the lower atmosphere. - Chicago University Press, 1959.
PRUCHNIEWICZ, P. G.:	Über ein Ozonregistriergerät und Untersuchungen der zeitlichen und räumlichen Variation des troposphärischen Ozons auf der Nordhalbkugel der Erde. - Dissertation, Göttingen 1969 und Mitt. aus dem MPI für Aeronomie, Springer-Verlag, Berlin-Heidelberg-New York, 1970.
REGENER, E.:	Ozonschicht und atmosphärische Turbulenz. - Forschungs- und Erfahrungsbericht des Reichswetterdienstes, Nr. 19, 1941.
REGENER, V. H., L. ALDAZ:	Turbulent transport near the ground as determined from measurements of the ozone flux and the ozone gradient. - Ozone Symposium in Monaco, Sept. 1968.
REGENER, V. H.:	On the flux of atmospheric ozone near the ground. - University of New Mexico, Albuquerque, Vorabdruck, 1970.
SCHERHAG, R.:	Ergebnisse der Aufstiege der Radiosondenstation Berlin-Tempelhof: Tägliche Meßresultate und klimatologische Werte sowie Meßergebnisse von Spezialaufstiegen, Berlin 1966-1968.
SUTTON, O. G.:	Convection in the atmosphere near the ground. - Quart. Journ. Roy. Met. Soc., 74, 13-30
WARMBT, W.:	Ozonmessungen über der Meeresoberfläche im Nordatlantik. - Z. f. M., 18, Heft 3/4, 1964.

Verzeichnis der Mitteilungen aus dem Max-Planck-Institut für Physik der Stratosphäre

Nr. 1/1953 Über den Beitrag der von μ-Mesonen angestoßenen Elektronen zu den Ultrastrahlungsschauern unter Blei. G. Pfotzer

Nr. 2/1954 Ein Zählrohrkoinzidenzgerät zur Registrierung der kosmischen Ultrastrahlung. A. Ehmert
Eine einfache Methode zur Einstellung und Fixierung des Expansionsverhältnisses von Nebelkammern. G. Pfotzer

Nr. 3/1954 Optische Interferenzen an dünnen, bei -190^0C kondensierten Eisschichten. Erich Regener (vergriffen)

Nr. 4/1955 Über die Messung der Temperatur des atmosphärischen Ozons mit Hilfe der Huggins-Banden. H. Zschörner und H. K. Paetzold

Nr. 5/1956 Ein neuer Ausbruch solarer Ultrastrahlung am 23. Februar 1956. A. Ehmert und G. Pfotzer, vergriffen (erschienen Z. Naturforschung 11a, 322, 1956)

Nr. 6/1956 Das Abklingen der solaren Ultrastrahlung beim Ausbruch am 23. Februar 1956 und die geomagnetischen Einfallsbedingungen. A. Ehmert und G. Pfotzer

Nr. 7/1956 Die Impulsverteilung der solaren Ultrastrahlung in der Abklingphase des Strahlungseinbruches am 23. Februar 1956. G. Pfotzer

Nr. 8/1956 Die atmosphärischen Störungen und ihre Anwendung zur Untersuchung der unteren Ionosphäre. K. Revellio

Nr. 9/1956 Solare Ultrastrahlung als Sonde für das Magnetfeld der Erde in großer Entfernung. G. Pfotzer

*

Die vorstehenden Hefte können beim Max-Planck-Institut für Aeronomie, 3411 Lindau angefordert werden.

Mitteilungen aus dem Max-Planck-Institut für Aeronomie

Nr. 1 (S) 1959 Waibel: Messungen von Primärteilchen der kosmischen Strahlung.

Nr. 2 (S) 1959 Erbe: Auswirkung der Variationen der primären kosmischen Strahlung auf die Mesonen- und Nukleonenkomponente am Erdboden.

Nr. 3 (I) 1960 Kohl: Bewegung der F-Schicht der Ionosphäre bei erdmagnetischen Bai-Störungen.

Nr. 4 (I) 1960 Becker: Tables of ordinary and extraordinary refractive indices, group refractive indices and $h'_{o,x}(f)$-curves or standard ionospheric layer models.

Nr. 5 (S) 1961 Schröpl: Über eine Neubestimmung des Absorptionskoeffizienten von Ozon im Ultraviolett bei kleinen Konzentrationen.

Nr. 6 (S) 1961 Erbe: Ergebnisse der Ballonaufstiege zur Messung der kosmischen Strahlung in Weissenau und Lindau.

Nr. 7 (S) 1962 Meyer: Elektromagnetische Induktion eines vertikalen magnetischen Dipols über einem leitenden homogenen Halbraum.

Nr. 8 (I u. S) 1962 Dieminger und Mitarb.: Die geophysikalischen Ereignisse des 12. - 14. November 1960.

Nr. 9 (S) 1962 Pfotzer, Ehmert, and Keppler: Time Pattern of Ionizing Radiation in Balloon Altitudes in High Latitudes. Part A, Text; Part B, Figures and Diagrams.

Nr. 10 (S) 1963 Waibel: Eine Ballonsonde zur Messung von Röntgenstrahlung und solarer Ultrastrahlung.

Nr. 11 (S) 1963 Voelker: Zur Breitenabhängigkeit erdmagnetischer Pulsationen.

Nr. 12 (S) 1963 Jaeschke: Registrierung von Pulsationen im südlichen Niedersachsen als Beitrag zur erdmagnetischen Tiefensondierung.

Nr. 13 (S) 1963 Meyer: Elektromagnetische Induktion in einem leitenden homogenen Zylinder durch äußere magnetische und elektrische Wechselfelder.

Nr. 14 (S) 1964 Kremser: Über den Zusammenhang zwischen Röntgenstrahlungs-Ausbrüchen in der Polarlichtzone und bayartigen erdmagnetischen Störungen.

Nr. 15 (S) 1964 Keppler: Messung von Röntgenstrahlung und solaren Protonen mit Ballongeräten in der Nordlichtzone.

Nr. 16 (S) 1964 Kirsch: Die Anisotropien der kosmischen Strahlung.

Nr. 17 (S) 1964 Guilino: Ausbau eines Wechsellichtmonochromators und seine Anwendung zur Messung des Luftleuchtens während der Dämmerung und in der Nacht.

Nr. 18 (S) 1965 Pfotzer and Ehmert: Measurements of High Energetic Auroral Radiations with Balloon-Borne Detectors in 1962 and 1963. Part A to C, Text; Part D, Figures and Diagrams.

Nr. 19 (I) 1965 Hartmann: Bestimmung wichtiger Satellitenpositionen mit Hilfe graphischer Darstellungen.

Nr. 20 (S) 1965 Keppler: Über die Eigenschaften von Zählrohren und Ionisationskammern in verschiedenartigen Strahlungsfeldern. - Zur Interpretation von Röntgenstrahlungsmessungen in Ballonhöhe in der Nordlichtzone.

Nr. 21 (S) 1965 Siebert: Zur Theorie erdmagnetischer Pulsationen mit breitenabhängigen Perioden.

Nr. 22 (S) 1965 Meyer: Zur 27 täglichen Wiederholungsneigung der erdmagnetischen Aktivität, erschlossen aus den täglichen Charakterzahlen C 8 von 1884-1964.

Nr. 23 (S) 1965 Frisius: Über die Bestimmung von Längstwellen - Ausbreitungsparametern aus Feldstärkemessungen am Erdboden.

Nr. 24 (I) 1965 Ma: Einfluß der erdmagnetischen Unruhe auf den brauchbaren Frequenzbereich im Kurzwellen-Weitverkehr am Rande der Nordlichtzone.

Nr. 25 (S) 1965 Kremser, Keppler, Bewersdorff, Saeger, Ehmert, Pfotzer, Riedler, Legrand: X - Ray Measurements in the Auroral Zone from July to October 1964.

Nr. 26 (I) 1966 Stubbe: Theoretische Beschreibung des Verhaltens der nächtlichen F - Schicht.

Nr. 27 (S) 1966 Wilhelm: Registrierung und Analyse erdmagnetischer Pulsationen der Polarlichtzone, sowie ein Vergleich mit Bremsstrahlungsmessungen.

Nr. 28 (S) 1967 Fabian: Über eine neue Ozonradiosonde und Untersuchung von Lufttransporten in der unteren Stratosphäre.

Nr. 29 (S) 1967 Specht: Über die Absorptions- und Emissionsstrahlung der atmosphärischen Ozonschicht bei der Wellenlänge 9,6 μ.

Nr. 30 (I) 1967 Rose und Widdel: Ein Meßgerät zur Bestimmung der Strömungsgeschwindigkeit in kurzen Rohren (Ionenzählern) bei niedrigem Gasdruck.

Nr. 31 (I) 1967 Hartmann: Die Amplitudenregistrierungen des Satelliten Explorer 22, unter besonderer Berücksichtigung der Effekte, die bei Elevationswinkeln kleiner als 45° auftreten.

Nr. 32 (I) 1967 Rüster: Lösung von Bewegungsgleichungen und Kontinuitätsgleichung der F - Schicht mit speziellen Anwendungen auf erdmagnetische Baistörungen.

Nr. 33 (S) 1968 Müller: Zur Modulation der kosmischen Strahlung.

Nr. 34 (S) 1968 Münch: Statistische Frequenzanalyse von erdmagnetischen Pulsationen.

Nr. 35 (S) 1968 Schreiber: Das Magnetfeld des Ringstroms während der Hauptphase erdmagnetischer Stürme und ein Vergleich mit dem beobachteten D_{st}-Anteil des Störfeldes.

Nr. 36 (I) 1968 Elling: Spezielle Näherungsformeln der Appleton-Hartree-Gleichungen zur Interpretation der Absorption einer Mittelwellenausbreitung im nächtlichen E-Gebiet der Ionosphäre.

Nr. 37 (I) 1968 Jones: Application of the Geometrical Theory of Diffraction to Terrestrial LF Radio Wave Propagation.

Nr. 38 (S) 1969 Zürn: Zum weltweiten Auftreten erdmagnetischer Pulsationen vom Typ pc 4.

Nr. 39 (S) 1969 Tiefenau: Untersuchungen an Kanal-Elektronen-Vervielfachern.

Nr. 40 (S) 1970: Sonderheft zum 60. Geburtstag von Herrn Prof. Dr.-Ing. G. Pfotzer am 29. November 1969 und Herrn Prof. Dr.-Ing. A. Ehmert am 6. März 1970.

Nr. 41 (S) 1970 Stratmann: Berechnung des Wellenfeldes eines Längstwellensenders im Entfernungsbereich bis 1000 km zur kontinuierlichen Sondierung der tiefen Ionosphäre durch Feldstärkemessungen in geeigneten Entfernungen vom Sender.

Nr. 42 (S) 1970 Pruchniewicz: Über ein Ozon-Registriergerät und Untersuchung der zeitlichen und räumlichen Variationen des Troposphärischen Ozons auf der Nordhalbkugel der Erde.

Nr. 43 (S) 1970 Richter: Über eine Ballonsonde für Polarlichtmessungen und über den Vergleich von Polarlichtemissionen, Röntgenstrahlen und ionosphärischen Absorptionen.

Nr. 44 (S) 1970 Niapour: Untersuchungen über die mittlere Multiplizität der Verdampfungsneutronen als Maß für die Veränderungen des Energiespektrums der kosmischen Strahlung.

If you have any concerns about our products,
you can contact us on
ProductSafety@springernature.com

In case Publisher is established outside the EU,
the EU authorized representative is:
**Springer Nature Customer Service Center GmbH
Europaplatz 3, 69115 Heidelberg, Germany**

Printed by Libri Plureos GmbH
in Hamburg, Germany